加德纳趣味数学
经典汇编

分形、取子游戏及彭罗斯铺陈

马丁·加德纳 著　　涂泓 译　　冯承天 译校

上海科技教育出版社

图书在版编目(CIP)数据

分形、取子游戏及彭罗斯铺陈/(美)马丁·加德纳著;涂泓译. —上海:上海科技教育出版社,2017.6(2023.8重印)
(加德纳趣味数学经典汇编)
书名原文:PENROSE TILES TO TRAPDOOR CIPHERS
ISBN 978-7-5428-6604-2

Ⅰ.①分… Ⅱ.①马… ②涂… Ⅲ.①数学—普及读物 Ⅳ.①01-49

中国版本图书馆CIP数据核字(2017)第190120号

插图1　一颗由计算机生成的类似地球的行星，从一个想象中的月球表面所看见的

插图 2　潜在文学工坊的成员

站立者,从左至右:让·福尔内尔(Jean Fournel)、梅塔耶(Michele Métail)、埃蒂安(Luc Étienne)、佩雷克(Georges Perec)、贝纳布(Marcel Bénabou)、让·莱斯古尔(Jean Lescure)

在座者,从左至右:卡尔维诺(Italo Calvino)、马修斯(Harry Mathews)、勒利奥奈(François Le Lionnais)、格诺(Raymond Queneau)、让·奎瓦尔(Jean Queval)、贝尔格(Claude Berge)

献给彭罗斯[1]

为他在数学、物理和宇宙学方面作出的种种美丽的、惊人的发现；为他在宇宙运作方式方面所具有的那种深刻的、创造性的洞见；以及为他的那种谦逊，因为他以为自己不只是探究了人类心智的各种产物。

---

[1] 彭罗斯爵士（Roger Penrose，1931—　），英国数学物理学家，对广义相对论与宇宙学具有重要贡献，在趣味数学和哲学方面也有重要影响。——译者注

目 录

本书是我在25年间为《科学美国人》(*Scientific American*)所写的一系列专栏文章集成的一本合集。它是这样的合集中的第十三本。如果必须冠上一个统一的标题的话，那么这个标题就是趣味数学，即本着一种游戏精神而呈现的数学。正如前几本书一样，作者按读者们到目前为止的反馈对这些专栏文章进行了补充、修改和扩展。自那时以来，彭罗斯铺陈(尤其是其对于晶体理论的那些出人意料的应用)、公钥密码系统以及法国的潜在文学工坊①都发生了许多状况，以至于我对这几个主题都撰写了全新的章节。

马丁·加德纳

---

① 潜在文学工坊(Oulipo)是法语"Ouvroir de littérature potentielle"的首字母缩写，1960年由法国人格诺(Raymond Queneau)、勒利奥奈(François Le Lionnais)等发起，参加者有十几位作家和数学家。这个组织致力于探索文字的结构和模式，如将数学的各种组合形式运用到文学创作中、图画诗、回文诗，等等。本书的第6、7章就是讨论这一方面的内容。——译者注

第 1 章

彭罗斯铺陈

1975 年《科学美国人》有一个专栏是关于周期性地用全等凸多边形来铺陈平面〔重刊于《时间旅行和其他数学困惑》(*Time Travel and Other Mathematical Bewilderments*)一书中〕，在那个专栏的结尾处，我承诺以后会写一篇关于非周期性铺陈方式的专栏文章。本章重新刊载我履行的那一承诺——这是 1977 年的一篇专栏文章，它首次公布了一种非凡的非周期性铺陈方式，这是由著名英国数学物理学家和宇宙学家彭罗斯发现的。首先，让我来给出一些定义和背景。

周期性铺陈方式是指你可以描出一个区域的轮廓，通过平移这个区域就可以铺陈整个平面，所谓平移就是在不通过旋转或者翻转的情况下移动这个区域的位置。荷兰艺术家埃舍尔①对形似生物的形状进行周期性铺陈而创作了许多图画，从而闻名遐迩。图 1.1 就是他的一幅代表作。其中一对毗连的黑鸟和白鸟构成了一个平移铺陈的基本区域。想象这个平面上蒙着一层透明的纸，纸上描出了每片镶嵌片的轮廓。只有在铺陈方式为周期性时，你才能在不通过旋转的情况下将这张纸移动到一个新的位置，使得所有轮廓都再次恰好相符。

---

① 埃舍尔(M. C. Escher, 1898—1972)，荷兰版画家，因其绘画中的数学性而闻名，作品多以平面镶嵌、不可能的结构、悖论、循环等为特点，从中可以看到分形、对称、双曲几何、多面体、拓扑学等数学概念的形象表达。——译者注

图1.1 埃舍尔的一幅周期性镶嵌图(1949)

有无限多种形状——例如正六边形——只能按照周期性方式铺陈。还有无限多种其他的形状既能按照周期性方式铺陈,也能按照非周期性方式铺陈。用全同的等腰直角三角形或四边形,很容易将国际象棋的棋盘转换为一种非周期性铺陈方式。只要如图1.2(A)的左图中所示的那样将每个正方形二等分,通过改变等分的取向来避免出现周期性。用多米诺骨牌也很容易进行非周期性铺陈。

等腰三角形也能像图1.2(A)的中间图那样以放射状方式进行铺陈。尽管这种铺陈方式高度有序,却明显不是周期性的。正如戈德堡(Michael Goldberg)1955年在一篇题为"中心镶嵌图"的论文中所指出的那样,这样的一种铺陈方式可以对半切开,然后可以将这两个半平面移动一步或更多步,从而构成一个非周期性铺陈的螺旋形式,如图1.2(A)中的右图所示。通过用两条全等的线条来取代这种三角形的两条相等的边,就可以有无数种方法来扭曲这个三角形,

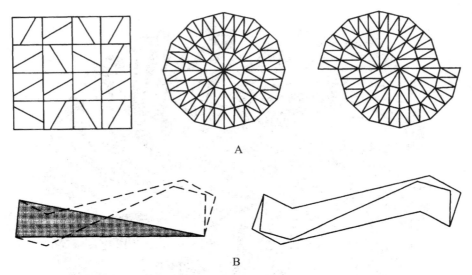

图1.2 （A）用全等形状进行的非周期性铺陈；（B）一个九边形(左图中的虚线)和一对九边形构成一个周期性铺陈的八边形(右图)

如图1.2（B）中的左图所示。如果这些新的边均由直边构成,那么结果得到的有5、7、9、11条边的多边形就能螺旋状铺陈。图1.3显示了用一个九边形以这种方式获得的一个引人注目的图案。这是由沃德堡(Heinz Voderberg)用一种复杂的方法首先发现的。戈德堡得出这个图形的方法使它几乎变得很平常了。

在人们知道的所有用全等图形构成的非周期性铺陈方式的例子中,图形也能以周期性方式铺陈。图1.2（B）中的右图显示了沃德堡的两个九边形如何组合成一个八边形,而这个八边形能以一种显而易见的方式进行周期性铺陈。

通过将一组图形铺陈在一起,构成它们本身的更大复本,可以得到另一种非周期性排列方式。戈洛姆(Solomon W. Golomb)将它们称为"爬行动物"(reptile)。(参见我的《意外的绞刑》(*Unexpected Hanging*)一书的第19章。)图1.4显示了一个被称为"狮身人面像"的形状如何通过产生出越来越大的狮身人面像而构成非周期性铺陈。与上例一样,两个狮身人面像(其中一个旋转180°)能以

图1.3 沃德堡的一种螺旋形铺陈方式

一种显而易见的方式进行周期性铺陈。

是否存在着一些只能非周期性铺陈的镶嵌片集合？我们说"只能"的意思是，无论是单一的形状或子集，还是整个集合，都不能作周期性铺陈，但是通过使用它们全部，就有可能构成一种非周期性的铺陈方式。其中允许进行旋转和翻转。

在数十年间，专家们曾相信不存在这样的组合，但是结果证明这种猜想并不成立。1961年，王浩[①]开始对用各边以不同方式着色的单位正方形集合铺陈

————————————
① 王浩(1921—1995)，华裔美籍哲学家、数理逻辑学家，曾先后任职于哈佛大学、牛津大学、洛克菲勒大学，并曾兼任巴勒斯公司的研究工程师、贝尔电话实验室技术专家、IBM研究中心客座科学家等一系列职务。——译者注

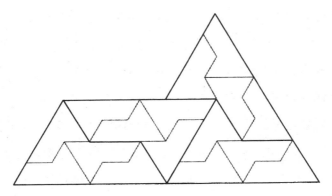

图1.4　以非周期性方式铺陈的三级狮身人面像

的平面感兴趣。这些单位正方形被称为王氏砖，王浩还曾在1965年为《科学美国人》撰写过一篇极好的关于王氏砖的文章。王浩的问题是要去找到一种方法来确定：对于任意一组给定的骨牌，是否能以某种方式铺陈而使得其相邻边都具有相同颜色，铺陈时不允许旋转和翻转。这个问题的重要性在于，它与符号逻辑中的决策问题有关。王浩推测，任意一组能够铺陈为平面的镶嵌片都能够周期性地铺陈为平面；他还证明，如果事实确实如此的话，那么就存在着一种这种铺陈的决策方法。

　　1964年，伯杰（Robert Berger）在哈佛大学应用数学专业博士学位论文中证明，王浩的推测不成立。不存在任何普遍适用的方法，因此只存在一组只能非周期性铺陈的王氏砖。伯杰用两万多块骨牌构造出了这样一个组合。后来他发现了一个小得多的组合，它由104块骨牌构成。而高德纳[①]则将这个数字减小到92。

　　这样的一组王氏砖很容易转化为只能非周期性铺陈的多边形镶嵌片。你

---

　　① 高德纳（Donald Knuth, 1938—　　），美国著名计算机科学家。他创造了算法分析领域，并发明了排版软件TEX和字体设计系统Metafont。"高德纳"这个中文名字是他1977年访问中国前取的。——译者注

只要将其边缘做成凹凸形以构成一块块的拼图,而它们以先前用颜色规定的方式相配。一条先前某种颜色的边只能与另一条先前为同样颜色的边相配,并且对于其他各种颜色也能得出一种相同的关系。罗宾逊(Raphael M. Robinson)通过允许这样的镶嵌片旋转和翻转,构造出六片从上文所解释的意义上来说强制产生非周期性铺陈的镶嵌片(见图1.5)。1977年安曼①发现了另一组不同的六片镶嵌片,它们也强制产生非周期性铺陈。这种正方形镶嵌片是否能减少到六片以下尚未可知,不过我们有充分的理由相信六就是最小值了。

彭罗斯在牛津大学担任劳斯·保尔数学教授,他在那里发现了几个强制产

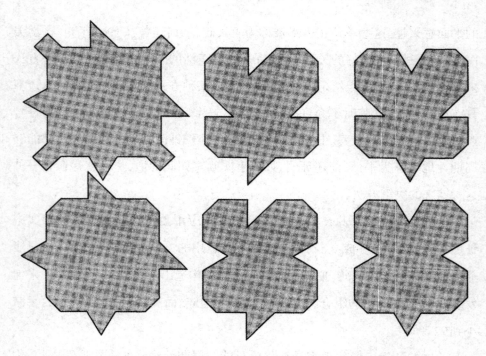

图1.5　罗宾逊的六片强制产生非周期性铺陈的镶嵌片

---

① 安曼(Robert Ammann, 1946—1994)是一位美国业余数学家,他在准晶体理论和非周期性铺陈等方面都作出了多项重要贡献。——译者注

生非周期性铺陈的小型镶嵌片集合，它们不是正方形类型的。尽管他的大部分工作都是关于相对论和量子力学的，不过他对于趣味数学也保持着活跃的兴趣。他与他的父亲、遗传学家、已故的 L. S. 彭罗斯（L. S. Penrose）分享这方面的乐趣。（他们是著名的"彭罗斯阶梯"的发明者，这条阶梯周而复始地兜圈子却不通往更高处。埃舍尔在他的版画《上升与下降》中描绘了这条阶梯。）1973年，彭罗斯发现了一组六片强制产生非周期性铺陈的镶嵌片。1974年，他发现了一种将它们减少为四片的方法。此后不久，他又将它们减少到两片。

由于这些镶嵌片适用于制成商业游戏拼图，彭罗斯直到申请了英国、美国和日本的专利后，才愿意将它们公开。这些专利现今仍然有效。我对于康韦[①]研究彭罗斯铺陈而获得的许多结果同样不胜感激。

一对彭罗斯镶嵌片的形状是可以变化的，但是其中称为"飞镖"和"风筝"的那一对最有趣，这是康韦给它们起的名称。图1.6(A)中显示了如何由一个内角为72度和108度的菱形来获得这两个形状。将长对角线按照我们熟悉的黄金比例 $(1+\sqrt{5})/2 = 1.61803398\cdots$ 分割，然后将该点与两个钝角顶点相连。就这么简单。用 φ 表示黄金比例。如图所示，每条线段不是1就是 φ。最小的角度是36度，其他角度都是它的倍数。

这个菱形当然能周期性铺陈，不过我们不允许用这种方式来拼接这些镶嵌片。要禁止将相等长度的边拼接在一起，这可以通过凸起和凹陷的形状来强制实现，不过还有一些比较简单的方法。例如，我们可以按照图1.6(B)中所示将各顶点标注为 H（"头"的英文 head 的首字母）和 T（"尾"的英文 tail 的首字母），然后给出规则：在拼装边缘时，仅具有相同字母的顶点可以相合。可以在各个顶点处放置两种颜色的点来帮助确认此规则，不过康韦提出了一种更加

---

① 康韦（John Horton Conway，1937—　），英国数学家，主要研究领域包括有限群论、趣味数学、纽结理论、数论、组合博弈论和编码学等。——译者注

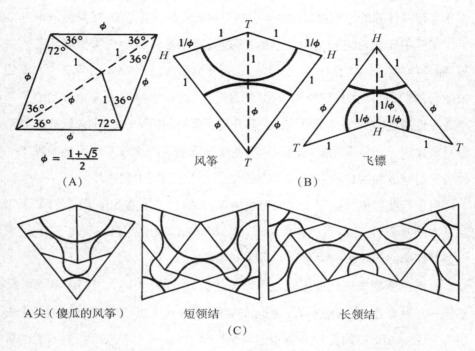

$$\phi = \frac{1+\sqrt{5}}{2}$$

（A）　风筝（B）　飞镖

A尖（傻瓜的风筝）　短领结　长领结
（C）

图1.6　（A）构造飞镖和风筝的方式;（B）飞镖和风筝的一种着色方式(灰色和黑色)以强制产生非周期性;（C）加速构造过程的A尖和领结

优美的方法,在每片镶嵌片上画两种颜色的圆弧,在插图中用黑色和灰色来表示。每条弧都以黄金比例切割边和对称轴。我们的规则是,相邻的边必须连接相同颜色的圆弧。

为了充分理解彭罗斯铺陈的美和神秘,我们应该至少制作100片风筝和60片飞镖。这些镶嵌片只需要一面着色。这两种镶嵌片数量(同它们的面积一样)符合黄金比例。你也许会设想你需要较多小一些的飞镖,但是实际情况却与此相反。你需要的风筝片数量是飞镖的1.618…倍。在无限铺陈的情况下,这个比例是精确的。由于这个比例是无理数,其潜在的结果就构成了彭罗斯的一个证明:该铺陈是非周期性的,因为如果它是周期性的,那么这个比例显然就

10

会是一个有理数。

　　一个很好的计划是：在一张纸上画尽可能多的飞镖和风筝，并且使其比例大约为五片风筝比三片飞镖，用一根细线来画出这些曲线。可以将这张纸复印许多次。然后可以将这些曲线着色，比如说用红色和绿色的毡尖笔。康韦发现，如果你将图 1.6(C) 中所示的这三个较大的形状复印许多次，那么就会加速构造过程，并且保持图案更加稳定。在你扩展一种图案的时候，你可以不断地用 A 尖和领结来取代飞镖和风筝。事实上，由飞镖和风筝构成的任意多对这样的形状对将可以铺陈出任何无穷无尽的图案。

　　有一种彭罗斯图案的构成方式是，先在一个顶点周围铺陈飞镖和风筝，然后再放射性地向外扩张。每次你在边缘增加一片，你就必须在飞镖和风筝之间作出选择。有时候这种选择是被迫的，有时候则不是。有时候两种都合适，但是稍后你可能会遭遇到一种与之相抵触的情况（在该点处，哪一片都不能合乎规则地添加上去），于是被迫回来作出另一种选择。绕着一条边界前进，首先放置所有别无选择的镶嵌片，这是一个很好的打算。它们不可能导致抵触的情况。然后你可以用那些有选择余地的镶嵌片来进行尝试。总有可能一直进行下去。你越是摆弄这些镶嵌片，就会愈加体验到那些提高效率的"强迫法则"。例如，一片飞镖在其凹处必须放置两片风筝，于是就创造出了无所不在的 A 尖。

　　有许多方法来证明彭罗斯铺陈的数量不可数，正如一条直线上有不可数个点一样。这些证明都依据彭罗斯发现的一种令人惊奇的现象。康韦把它称之为"膨胀"和"收缩"。图 1.7 中显示了膨胀的开始。试想把每片飞镖都切割成两半，然后再把原来的短边都黏合在一起。其结果是一种由更大的飞镖和风筝构成的新的铺陈方式（用黑色粗线表示）。

　　膨胀可以延续至无穷，其中每一"代"新的镶嵌片都比上一代要大。请注意第二代的风筝虽然与第一代的 A 尖具有相同的大小和形状，但是其构成方式

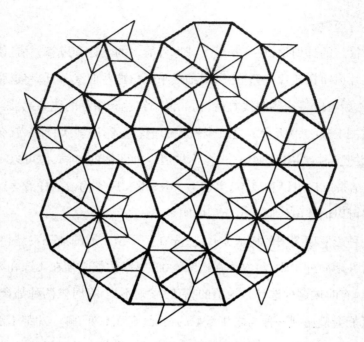

图1.7　一种图案如何发生膨胀

不同。出于这个原因，A尖也被称为傻瓜的风筝。绝不可把它错认为是第二代风筝。收缩就是将同样的进程逆向进行。在每一种彭罗斯铺陈上，我们都能画出一代一代越来越小的飞镖和风筝。这种模式也可延续至无穷，从而创造出一个分形(参见第3章)的结构。

　　康韦对彭罗斯的图案不可数的证明(彭罗斯早先曾用一种不同的方法证明过)可以作如下概述。在风筝对称轴的一边标注L("左"的英文left的首字母)，另一边标注R("右"的英文right的首字母)。在飞镖上也如此操作，用l和r进行标注。然后在铺陈图案上随机选择一点。记录下表示它在镶嵌片上位置的那个字母。将这个图案膨胀一步，注意同一个点在第二代镶嵌片上的位置，并再次记录下那个字母。持续进行更高阶的膨胀，你就会创造出一个符号的无限

序列，这个序列，可以说，独一无二地标记了从选择的那一点看到的原始图案。

在原始的图案上选择另一点。这个过程可能会给出一个开头不同的序列，不过它会到达一个字母，在这个字母之后直至无穷，它都会与前一个序列一致。如果不存在这样在某一个特定点之后的一致性，那么这两个序列所标识的就是截然不同的图案。由这四个符号构成的所有可能的序列并不都能通过这个方式产生，不过可以证明，标记不同图案的序列在数量上与一条线上的点的数量对应。

我们忽略了那些铺陈图案中的着色曲线，这是因为它们对观察这些镶嵌片造成了困难。不过，如果你用着色的镶嵌片来研究的话，你就会为这些曲线所创造出的各种美丽图样怦然心动。彭罗斯和康韦分别独立地证明：每当一条曲线闭合时，它就具有五轴对称性，并且这条曲线内部的整个区域都具有五重对称性。在一种图案中，对每种颜色而言，至多只能有两条曲线不闭合。在大多数图案中，所有曲线都闭合。

尽管我们有可能构造出一些具有高阶对称性的彭罗斯图案（有无穷多种图案都具有双侧对称性），但是大多数图案，都如同宇宙一样，是由有序和出乎意料地偏离有序所构成的一种神秘莫测的混合体。随着这些图案的扩张，它们似乎总是尽力重复自身，却又总是不能很好地做到这一点。切斯特顿①曾经提出过，如果有一个外星人在观察人体上有多少特征是左右重复的，那么他就会合理地推断我们的身体两边各有一颗心脏。他说道，这个世界"看起来比实际情况恰好更数学一点、更有规律一点；它的精确性是显而易见的，但不精确性则隐匿其中；其放荡不羁潜伏以待。"到处都存在着"对精确性少许悄无声息的背离，这是事物中恒有的一种怪异的要素……宇宙中一种隐秘的叛逆。"这段

---

① 切斯特顿（Gilbert Keith Chesterton, 1874—1936），英国作家、文学评论家以及神学家，创作了一系列以"布朗神父"为主角的推理小说。——译者注

话很好地描述了彭罗斯的平面世界。

关于彭罗斯的宇宙,还存在某种更为令人惊奇的事情。从一种奇特的有限意义上来说,由于受到"局部同构定理"的制约,所有的彭罗斯图案都是相似的。彭罗斯证明:任何图案中的每一个有限区域,都包含在所有其他图案中的某处。此外,它在每种图案中出现无穷多次。

为了理解这种情形有多么疯狂,请想象你正居住在一个无限大平面上,这个平面由不可数的无穷多种彭罗斯铺陈中的一种镶嵌而成。你可以在这不断扩张的面积上一片一片地检查你的图案。无论你探索多大的面积,你都无法确定自己是处在哪一种铺陈方式上。去往远处以及检查不相连的区域都毫无帮助,因为所有这些区域都属于一个大的、有限的区域,而这个区域在所有图案中都被精确地复制了无穷多次。当然,对于任何周期性镶嵌图而言,这都是显而易见的事实,然而彭罗斯宇宙并不是周期性的。它们有无穷多种方式使得彼此显得不同,却又只能在触不可及的极限上才能将它们彼此区分开来。

假设你已探究过一个直径为 d 的圆形区域。我们把它称为你所居住的"镇"。突然之间,你被传送到一个随机选择的平行的彭罗斯世界。你离一个与你家乡的镇里的街道一模一样的圆形区域有多远?康韦用一条超凡卓越的定理给出了答案。从你家乡的镇的边界到那个一模一样的镇的边界的距离,绝不会超过黄金比例的立方的一半的 d 倍,或者说就是 2.11+①乘以 d。(这是一个上限,而不是平均值。)如果你朝着正确的方向走,那么你不需要超过这个距离,就会发现自己置身于你自己家乡的镇的精确复制品中。这条定理也适用于你身处的宇宙。每一种大的圆形图案(有无穷多种不同的图案)都可以朝某个方向走过一段距离而到达,这个距离必定小于这个图案直径的大约两倍,更有可

① 这里的加号(+)表示 $(1.61803398\cdots)^3 = 2.1180339\cdots$ 小数点后第三位开始的各位数字。——译者注

能大约就等于该直径。

　　这条定理相当出人意料。考虑一列无模式的数字序列,例如π,展示出了一种类似的同构。如果你选择一列由10个数字构成的有限序列,然后从π中的一个随机位置开始,当你沿着π走得足够远的话,你就肯定会遇到与此相同的序列,不过你必须走的距离不存在已知的上限,并且预期的距离远多于10位数。这个有限数列越长,你可以预计要再次找到它就需要走得越远。在一种彭罗斯图案上,你总是非常靠近家乡的一个复制品。

　　飞镖和风筝恰好适合铺陈在一个顶点周围的方式只有七种。让我们首先来考虑(用康韦的术语来说)两种具有五轴对称性的方法。

　　太阳(如图1.8中的白色部分所示)不强制其周围任何其他镶嵌片的放置方式。不过,如果你添加几片,使其一直保持五轴对称,那么就会迫使你构造出如图所示的这个美丽的图案。它是唯一确定的,直至无穷。

图1.8　无限太阳图案

图1.9中的白色部分所表示的星星,强制在其周围铺陈10片浅灰色风筝。将这个图案放大,始终保持其五轴对称,你就会创造出另一种如同花朵一般的图样,这种图样也是无穷的和独一无二的。各式星星和太阳图案是仅有的具有完美五轴对称性的彭罗斯宇宙,并且从一种令人愉快的意义上来讲,它们是等价的。膨胀或者收缩这两个图案中的任何一个,你就会得到另一个。

图1.9 无限星星图案

A尖是围绕一个顶点铺陈的第三种方法。它不强制使用任何其他镶嵌片。两点、杰克和王后在图1.10中用白色区域表示,四周包围着它们直接强制铺陈的镶嵌片。正如彭罗斯所发现的[后来巴赫(Clive Bach)也独立作出了这一发现],有些七顶点图形会使得一些并不与直接受到这种强迫作用的区域相连的镶嵌片的摆放受到影响。

两点

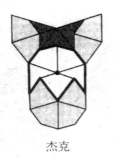

杰克

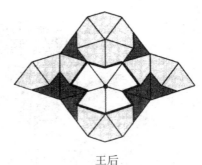

王后

图1.10　两点、杰克和王后的"帝国"

在所有彭罗斯宇宙中，最超凡卓越的、对于理解这些镶嵌片至关重要的一种，就是无限车轮图案，其中心部分显示在图1.11中。在其中心处，用粗黑线勾勒出的正十边形（它的每条边都由一对长边和短边构成）就是康韦所谓的"车轮"。在任何图案上，每个点都在一个和这个图案完全一样的车轮内部。将其膨胀一步，我们就看到每个点都处于一个更大的车轮内部。相似地，每个点又都位于每一代车轮内部，尽管这些车轮并不需要是同心的。

请注意辐射至无穷的那10条浅灰色轮辐。康韦将它们称为"蠕虫"。它们是由长长短短的领结构成的，其中长短领结的数量之比是黄金比例。每一个彭罗斯宇宙中都包含着无限条任意长度的蠕虫。膨胀或者收缩一条蠕虫，你就会得到沿着同一根轴的另一条蠕虫。瞧，在无限车轮图案中，两条完整的蠕虫横跨了中心的车轮（它们在其内部时不是灰色的）。其余的轮辐都是半无限蠕虫。除了这些轮辐以及中心车轮内部以外，这个图案具有完美的十重对称。在任意两根轮辐之间，我们看到太阳和星星的图案越来越大的部分交替出现。

这个无限车轮图案中的任何一根轮辐都可以两边对调（或者与此等价地，其中的每一个领结都可以两端调转），结果除了中心车轮内部的那些镶嵌片外，这根轮辐仍然会与周围的所有镶嵌片相符合。图中共有10根轮辐，于是就有 $2^{10} = 1024$ 种状态组合。不过，在去除旋转和翻转之后，就只有62种完全不同的

17

图1.11 包围着蝙蝠侠的车轮图案

组合了。每种组合都在车轮内部留下一个区域,康韦将其命名为"十足动物"。

十足动物是由10个全同等腰三角形构成的,这些三角形的形状为放大的半个飞镖。具有最高对称性的十足动物是图1.12中所示的圆锯和海星。和一条蠕虫一样,每个三角形都可以翻过来。像之前那样,通过忽略旋转和翻转,我们就得到62种十足动物。想象每个十足动物周界上的凸顶点都标注为 T,凹顶点都标注为 H。为了继续铺陈,这些 H 和 T 都必须按照通常的方式与镶嵌片的头尾相配。

将轮辐按它们在无限车轮图案中所示的那种方式排列时,在其中心处就

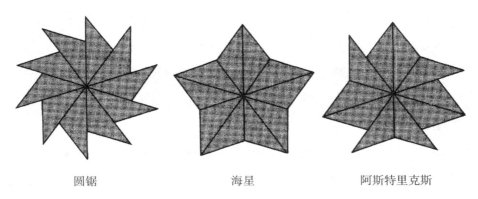

圆锯   海星   阿斯特里克斯

图1.12 三种十足动物

形成了一个被称为蝙蝠侠的十足动物。蝙蝠侠(用深灰色表示)是唯一能够被合乎规则地铺陈的十足动物(没有任何有限区域可以具有一种以上的合乎规则的铺陈方式)。然而,蝙蝠侠并不强制产生无限车轮图案。它只不过是允许产生这种图案。实际上,一种合乎规则的铺陈的任何一个有限部分都不能强制产生一个完整图案,因为每种铺陈中都包含这个有限部分。

请注意无限车轮图案是双侧对称的,它的对称轴竖直通过蝙蝠侠。膨胀这个图案,它保持不变,只是对一条垂直于这条对称轴的直线发生镜面翻转。蝙蝠侠中的五个飞镖及其两个中心风筝,是任何彭罗斯宇宙中绝无仅有的不在一个五重对称区域内的镶嵌片。其他所有的在这个或者别的图案中的镶嵌片,都在无穷多的五重对称区域中。

通过挪动这些轮辐中的蠕虫,形成另外61种组合,就会在中心车轮内部产生另外61种十足动物。所有这61种十足动物都是下面这种意义上来说的"洞"。一个洞,是指任何不能被合乎规则地铺陈的、有限的、空的区域,它被一种无限铺陈包围着。你也许会猜测每种十足动物都是无限多种铺陈的中心,不过彭罗斯的宇宙在这里跟我们开了另一个玩笑。令人惊奇的是,有60种十足动物强制产生的铺陈只有独特的一种,这种铺陈方式与只在由轮辐组成的铺陈中显示出来的那种方式有所不同。只有蝙蝠侠和另一种十足动物除外,后者被命名为一部法国动画片中的一个角色,名为阿斯特里克斯①。像蝙蝠侠一样,阿斯特里克斯允许产生一种无限车轮图案,不过它也允许产生一些其他类型的图案。

现在来讨论一个令人吃惊的猜想。康韦虽然没有完成其证明,但是他相信每种可能的洞,无论其大小或形状如何,在下面这种意义上都等价于一个十足动物的洞。通过重新排列这个洞周围的镶嵌片,在必要的情况下取走或添加有限数量的镶嵌片,你就能把每个洞都转换成一个十足动物。假如事实果真如此,那么一个图案中的任何有限数量的洞就都能够被简化成一个十足动物。我们只需要取走足够的镶嵌片,从而将这些洞连接而成一个大洞,然后不断缩小这个大洞,直至得到一个无法铺陈的十足动物。

将一个十足动物想象成一片固化的镶嵌片。除了蝙蝠侠和阿斯特里克斯以外,62种十足动物中的每一种都好像是凝结成一颗晶体的一种瑕疵。它强制产生一种独特的无限车轮图案,其中包括轮辐等等,如此永无止境。如果康韦的猜想成立,那么任何一片强制产生一种独特铺陈的"异形镶嵌片"(这是彭罗斯所用的术语),无论这镶嵌片有多大,它的轮廓线都可转换成60种十足动物的洞之一。

早先描述过将等腰三角形改变成螺旋状铺陈的多边形,通过与之相同的技巧,就可以把风筝和飞镖改变成其他一些形状。埃舍尔正是运用这种技巧,将多边形镶嵌片转换成了动物的形状。图1.13中显示了彭罗斯如何将他的飞

---

① 高卢的阿斯特里克斯(Asterix the Gaul)是法国一畅销系列儿童图画书中的一个角色。这些书中画的是发生在儒略·恺撒(Julius Caesar,公元前100—前44)时期的一些幻想故事。阿斯特里克斯也是有意要与"星号"(asterisk)这个单词形成双关语。——译者注

图1.13　彭罗斯的非周期性鸡群

镖和风筝转换成只能非周期性铺陈的鸡群。请注意，尽管这些鸡是非对称的，不过要铺陈这个平面，完全没有必要把其中的任何一片翻过来。可惜，埃舍尔去世前没能得知彭罗斯的这些镶嵌片。不然的话，他将在它们的各种可能性中纵情陶醉！

　　通过将飞镖和风筝分割成更小的镶嵌片，并把它们用其他方式组合在一起，你就可以构造出一些性质类似于飞镖和风筝的其他成对的镶嵌片。彭罗斯发现了异常简单的一对：图1.14的样例图案中的两种菱形，它们的各边都等长。较大那一片的内角分别为72度和108度，而较小那一片的内角分别为36度和144度。与前面一样，这两种镶嵌片的面积以及所需镶嵌片数之比都符合黄金比例。各种铺陈方式以不可数的无限多种非周期性方式膨胀、收缩以及铺陈这个平面。这种非周期性可以通过凹凸或者某种着色方式来强制实现，例如彭罗斯提出的一种着色方式，在这幅插图中用浅灰色和深灰色区域表示。

　　通过仔细观察图1.15中的这个五角星形，我们可以看到这两组镶嵌片是

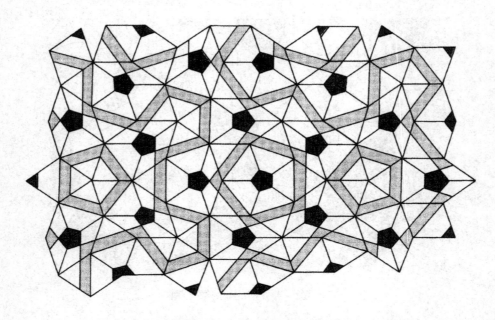

图1.14 用彭罗斯的两种菱形构造出的一种非周期性铺陈

如何紧密地彼此联系在一起,又是如何与黄金比例密切相关。这是古希腊毕达哥拉斯学派的神秘符号,而歌德的浮士德也是用这张图捕获梅菲斯托费勒斯的[①]。这一构造过程可以向内和向外,永远持续下去,并且每条线段都与下一条较短的线段构成黄金比例。请注意所有四种彭罗斯镶嵌片是如何嵌入这幅图中的。风筝是 $ABCD$,而飞镖是 $AECB$。图中的两个菱形是 $AECD$ 和 $ABCF$,尽管它们不符合恰当的相对大小关系,不过正如康韦喜欢说的那样,这两组镶嵌片是基于同一种潜在的"黄金材料"。任何关于风筝和飞镖的定理,都可以被转化成一条关于彭罗斯菱形或者任何一对其他彭罗斯镶嵌片的定理,反之亦然。康

① 浮士德(Faust)是15世纪德国一位博学多才的人物,并出现在许多民间传说中,因而成为文学家们经常利用的创作素材。在德国作家歌德(Johann Wolfgang von Goethe, 1749—1832)的《浮士德》中,浮士德受到魔鬼梅菲斯托费勒斯(Mephispheles)的引诱,以灵魂换取它的帮助。——译者注

22

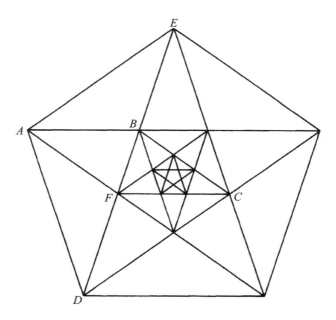

图1.15　毕达哥拉斯五角星形

韦更喜欢研究飞镖和风筝，不过其他数学家们却更喜欢研究比较简单的菱形。安曼（Robert Ammann）发现了令人眼花缭乱的各种其他非周期性铺陈集合。有一组集合由两个凸五边形和一个凸六边形构成，它在不需要任何边缘标记的情况下强制产生非周期性。他发现了好几对这样的组合，每一对都有一个五只内角为90度、一只内角为270度的六边形。

　　是否存在某些与黄金比例无关的、强制实现非周期性的成对镶嵌片？是否存在一对相似的镶嵌片强制实现非周期性？是否存在不需要边缘标记而将强制实现非周期性的一对凸镶嵌片？

　　当然，主要的未解问题是，是否存在一种只能非周期性铺陈平面的单一形状？大多数专家都认为不存在，不过大家都远不能给出证明。我们甚至还没能证明，如果有这样一种镶嵌片存在的话，那么它必定是非凸的。

23

第 ② 章

彭罗斯铺陈之二

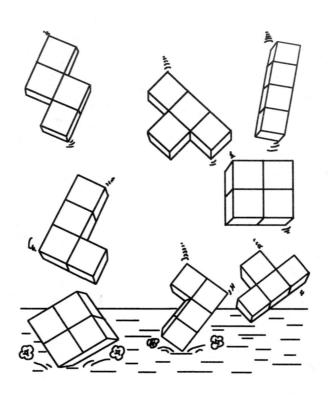

自《科学美国人》刊登了我那篇关于彭罗斯铺陈的专栏文章(1977年1月)来的十年间,彭罗斯、康韦、安曼以及其他一些人都在探究非周期性铺陈方面实现了巨大的跨越。[我在这里会继续使用"nonperiodic"这个术语表示"非周期的",尽管格林鲍姆(Branko Grünbaum)和谢泼德在他们的不朽巨著《铺陈和图案》(*Tilings and Patterns*)一书中更喜欢将一组只能非周期性铺陈的镶嵌片称为"aperiodic"。]如今所称安曼条或安曼线以及三维空间中的类似彭罗斯铺陈的发现,引领了晶体学中令人惊叹的进展。不过,首先让我在以前从未发表过的这一章中,对这一突破性进展之前的某些发展做一番总结。

安曼是一位才华卓越的年轻数学家,在马萨诸塞州从事一些低级别的计算机工作。他于1976年独立发现了彭罗斯的菱形镶嵌片,这大概在我关于彭罗斯铺陈的那个专栏刊出八个月前。我在通信中告知了他彭罗斯更早就发现了这两种菱形,还告诉他飞镖和风筝。安曼很快就意识到,这两对镶嵌片所构成的图案都是由向五个不同方向横跨平面的五族平行线决定的,而这五族平行线以360/5=72度的角度相交。图2.1中显示了这样的一族直线,人们现在把它们叫做安曼条。

注意观察这些直线与飞镖上指向相同或相反方向的那些凹角相交。这一点并不完全精确,不过对于我们的目的而言,以这种简单形式平行划出的直线

图2.1　一族安曼条(从左至右)以一种 $SLLSLLS$ 的顺序陈列

也就足够了。这些直线的精确定位请参见格林鲍姆和谢泼德的那本书。当这些直线被精确排布好时，每根直线都在一个飞镖凹角的外侧一点点。在图案中的每个正十边形的内部，安曼条都组建出一个完美的五角星。

　　请注意安曼条之间的间距具有两种长度，我们会将它们称为L("长"的英文 long 的首字母)和S("短"的英文 short 的首字母)。当这些直线被正确画出时，这两种长度就构成了黄金比例。此外，在无限大平面上，一族安曼条中L的数量和同一族中S的数量也构成黄金比例。沿着垂直于一族安曼条的任一方向移动，我们就能够用一系列L和S来记录下这些间距的序列。这个序列是非周期性的，并且构成了一种值得注意的彭罗斯铺陈的一维相似。局部同构定理在此适用。如果你选择这个序列中的任意有限部分，那么你总是能够发现它在

不远处重复出现。从任何位置开始,写下任意有限长度这样的字母序列,比如说长度为十亿。如果你从这个序列中的任何其他位置开始,你必然会得到一个与此全同的、由十亿个字母构成的序列。只有当这个序列取为无限长时,它才是独一无二的。

康韦发现,这个序列可以用以下方法由黄金比例得到。以递增的顺序写下黄金比例$(1+\sqrt{5})/2$的各正整数倍数,并向下取整。结果得到的数列开头为1, 3, 4, 6, 8, 9, 11, 12, 14, 16, 17, 19, 21, 22, 24, 25, 27, 29, 30, 32, 33, 35, 37, 38, 40, 42, 43, 45, 46, 48, 50,…。这是斯隆(N. J. A. Sloane)的《整数数列手册》(*Handbook of Interger Sequences*)中的数列917。如果你将黄金比例的平方的倍数向下取整,那么你得到的数列是2, 5, 7, 10, 13, 15, 18, 20, 23,…。这两个数列被称为"互补数列"。把它们放在一起,每个正整数都在其中出现一次,并且仅出现一次。任何实数a的相继的正整数倍,向下取整,所形成的一个数列,被称为a的谱。如果a是无理数,那么这个数列就被称为贝亚蒂数列。它以加拿大数学家贝亚蒂(Samuel Beatty)的名字命名,他在1926年唤起了大家对此类数列的注意。正如我们在第八章中将会看到的,基于黄金比例的互补贝亚蒂数列,为一种名为威佐夫博弈的尼姆取子游戏著名变种,提供了制胜策略。

黄金贝亚蒂数列中的各相邻数之间不是相差1,就是相差2。写下各差值的第一行,然后将每个1都改写成0,而把每个2都改写成1。你得到的是一个无限二进制数列,其开头是101101011011010…。这是任何一族无限的安曼条中S和L构成的序列的一部分。康韦用"音乐序列"这个术语来表示黄金比例数列中任意有限的一段。遵循彭罗斯的说法,我将称它们为斐波纳契序列。

此类序列具有许多奇异的特性。例如,在上文的那个用二元表示法给出的斐波纳契序列的前面放置一个小数点。其结果是一个由下列连分数产生的无理二进位分数。

$$\cfrac{1}{1+\cfrac{1}{2+\cfrac{1}{2+\cfrac{1}{2^2+\cfrac{1}{2^3+\cfrac{1}{2^5+\cfrac{1}{2^8+\cfrac{1}{2^{13}+\cfrac{1}{2^{21}+\cfrac{1}{2^{34}+\cdots}}}}}}}}}}$$

这个连分数中各个2的幂指数正是斐波纳契数。关于彭罗斯铺陈如何与斐波纳契数相联系,而后者又如何转而与植物的生长模式相联系,康韦有许多未公开发表的结果。

正如我们已经看到的那样,膨胀或者收缩彭罗斯铺陈都会产生另一种铺陈,从这种意义上来说,它们是自相似的。斐波纳契序列具有同样的自相似性。虽然有许多技巧能用于膨胀和收缩它们,从而产生出另一个这样的序列,不过其中最简单的一种如下。要进行收缩,就将每个 S 都用一个 L 来代替,每个 LL 都用一个 S 来代替,并丢掉所有单个的 L。例如,按照这些规则,*LSLLSLSLLSLLSLS* 这个序列收缩为 *LSLLSLSLL*。要进行膨胀,就将每个 L 都用 S 来代替,每个 S 都用 LL 来代替,然后再在每一对 S 之间加上一个 L。

一个斐波纳契序列中不可能包含 SS 或者 LLL。这就提供了一种简单的方法来辨别一个由 S 和 L 构成的序列是不是斐波纳契序列。不断应用那几条收缩规则,直至你要么得到一个含有 SS 或者 LLL 的序列(在这种情况下它就不是斐波纳契序列),要么得到单独一个字母从而证明它是斐波纳契序列。如果你膨胀或者收缩一种彭罗斯铺陈,那么每一族安曼条中的序列也发生膨胀或者收缩。任何一条蠕虫中的长短领结序列也是一个斐波纳契序列,例如车轮图案的

十根轮辐中的那些蠕虫。

两族安曼条以非周期性平行四边形镶满平面,这些平行四边形构成了一种栅格,镶嵌片恰好符合这种栅格。正如格林鲍姆和谢泼德的说法,不要将镶嵌片看成是在决定安曼条,而是"安曼条系统在起着一种基础的作用,而镶嵌片的唯一功能只是为它们提供一种实用的实现方法。"这些安曼条依稀有点像决定粒子位置和路径的量子场。安曼早在1977年就首先察觉到,他的线条构成的栅格导致了一些"强制定理"——这些定理判断的是一小组镶嵌片将如何强制其他无限多组镶嵌片有了确定的位置。

正如安曼在写给我的一封信中所表述的那样:"每当一组镶嵌片强制两条平行线占据了确定的位置时,它就会强制无限多条不相邻平行线也占据了确定的位置。每当三条直线以恰当的角度相交时,就强制一片镶嵌片占据了确定的位置。"一组有限的镶嵌片会强制任意长距离之外的镶嵌片位置得以确定,这种性质彭罗斯菱形和罗宾逊正方形也有,尽管它们与黄金比例并无任何联系。

康韦以安曼的这些发现为依据,接下去又确立了许多非凡的强制定理。在这里我只说两片适当排布、距离任意远的彭罗斯镶嵌片(每一片都可以是两种类型中的任一)就会确定两族无限多(不是完整的族)的安曼条。这两族安曼条的交叉点又转而确定了一组无限多的镶嵌片的位置。例如,国王、王后、杰克、两点和星星都在它们的王国中强制出了一组无限多的镶嵌片(A尖和太阳不强制任何镶嵌片)。国王的王国异乎寻常地致密。你也许会认为,随着你距离中心越远,这种受到强制的镶嵌片的密度就会变得稀疏,然而事实并非如此。其密度对于整个平面都保持恒定不变。

安曼的另一项伟大发现也是在1976年作出的,由两个菱形六面体(具有六个全等的菱形面的平行六面体)构成的组合,采用一些适当的表面配对规则,它们就会强制产生一种非周期性的空间铺陈。图2.2中显示了这两种六面体构成的网格形状。如果你把这两种网格从硬纸板上剪下来,沿着各条直线折叠,并将其边缘用胶带黏合,那么你就会得到图2.2底端所显示的两种六面体。其中一种可以看成是一个立方体沿着一条空间对角线被压扁了,而另一种则可以看成是一个立方体沿着一条空间对角线被拉长了。其中所有十二个面都是全等的,它们的两条对角线成黄金比例。几何学家考克斯特(H. S. M. Cox-

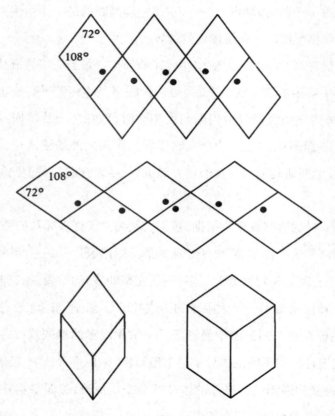

图2.2 钝菱形六面体和锐菱形六面体的网格形状①

———————————
① 这幅插图中标注的角度有误,安曼的两个菱形六面体的各表面内角约等于64度和116度,详见下文。——译者注

eter)校订了鲍尔(W. W. Rouse Ball)的经典著作《趣味数学及随笔》(*Mathematical Recreations and Essays*, Dover, 1987)一书的第十三版,在该书的第161页上,考克斯特添加了一条注解,他将这种类型的菱形六面体称为"黄金菱形六面体"。此类菱形六面体只有两种,开普勒[1]都研究过。锐黄金菱形六面体两个相对的顶角处,三个全等的锐角在此相接。钝黄金菱形六面体两个相对的顶角处,三个全等的钝角在此相接。这两种立体形状上的其余顶角都是锐角和钝角混合相接。

安曼的两种菱形六面体就是这两种黄金类型。锐菱形六面体的各个表面沿着各棱边以72度和108度的角相接。钝菱形六面体的各个表面则以36度和144度相接(这四个二面角都是360/10=36度的倍数)。这些两面角都接近64度和116度。通过恰当排布各凹、凸部分,就排除了周期性铺陈。请注意这幅插图中未折叠的各个面上的黑点。想象每个六面体都有一个复制品,它们表面上这些黑点所构成的图案互为镜像。这就形成了由四个菱形六面体构成的组合,如果你把它们放在一起使每个黑点都靠着另一个黑点,它们就会强制产生非周期性。我们还不知道是否存在着一种方法可以不用这种镜像标记,从而只有两种六面体,采用恰当的标记,就会强制产生非周期性。如果一个平面以某个适当的角度穿过这种空间铺陈,那么这个平面会显示出一种非常接近于用两种彭罗斯菱形得出的铺陈。

我将安曼得到的这些结果寄送给了彭罗斯。在一封标注日期为1976年5月4日的信中,彭罗斯请我代为转达他对安曼的两点祝贺:祝贺他独立发现了这些菱形镶嵌片,以及祝贺他用两种黄金菱形六面体实现了空间铺陈。他继续写道:

---

[1] 开普勒(Johannes Kepler, 1571—1630),德国天文学家、数学家,发现了行星运动轨道、面积和周期的三大定律。——译者注

这些事情很有可能在生物学上具有某种重要性。你会记得某些病毒呈正十二面体和正二十面体。它们如何做到这一点的,这似乎总是令人迷惑不解。不过假如以安曼的非周期性六面体为基本单位,那么我们就会得到一些准周期性"晶体",其中就包含此类看似不可能存在的、沿着十二面体或者二十面体各平面的(晶体学上的)解理方向。病毒是否有可能会以某种类似这样的包含非周期性基本单位的方式生长——还是说这种想法太异想天开了?

在安曼发现他的非周期性空间铺陈一年之后,日本神户大学[①]的一位建筑师宫崎康次(Koji Miyazaki)再次发现了它。他还发现了这两种黄金菱形六面体非周期性铺陈空间的另一种方式,尽管这种铺陈方式不是强迫性的。五个锐黄金菱形六面体和五个钝黄金菱形六面体会相互契合,形成一个菱形三十面体。以一个共同钝顶点相接的这样两个菱形三十面体,周围可以环绕60个额外的黄金菱形六面体(每种类型各30个),从而构成一个更大的菱形三十面体。这种扩大过程可以持续至无穷,以一种具有一个二十面体对称中心的蜂窝状结构铺陈空间。

彭罗斯关于晶体的猜想,甚至是他所用的术语,都被证明具有令人惊讶的预见性。1980年代初期,许多科学家和数学家开始谨慎地思考这样一种可能性:晶体的原子结构也许是基于一种非周期性晶格。随后在1984年,美国国家标准局谢赫特曼[②]及其同僚们惊人地宣布:他们在快速冷却铝锰合金的电子显微图像中发现了一种非周期性结构,这种合金很快就被一些化学家戏称为"谢赫特曼体"。这些显微图像显示出一种清晰的五重对称性,而这强烈暗示存在着一种类似于彭罗斯铺陈的非周期性空间铺陈。

———————————

① 神户大学是本部位于日本兵库县神户市的一所研究型国立综合大学,创建于1902年,以经营学最负盛名。——译者注

② 谢赫特曼(Dany Schechtman, 1941—),以色列材料科学家,2011年诺贝尔化学奖得主。——译者注

这是前所未见的。这就像是科学作家彼得森（Ivars Peterson）所说的，好似有人观察到了一片五边形的雪花。此前在晶体学中长期以来一直存在的一条信条，晶体仅可能呈现出2、3、4、6次旋转的旋转对称性，但是绝不会出现5、7、8次。还有另一条信条是，固体物质只具有两种形式：要么其原子呈现出一种周期性排列，要么是像玻璃这样的无定型材料中的无序原子。

当时人们知道，一切晶体中的有序晶格都来自三种柏拉图正多面体：正四面体、立方体和正八面体。十二面体和二十面体被排除在外，这是因为它们的五重对称性致使周期性铺陈不可能实现。然而有一种物质似乎展示出二十面体对称。如同彭罗斯铺陈一样，当这种物质旋转72度，或者1/5个圆时，就整体的统计方式而言，它本质上保持不变，不过却不具有长程周期性。这看起来似乎是介于玻璃和普通晶体之间的一种物质形式，这暗示了在这两种形式之间不存在一条壁垒分明的界限，而可能是一种介于两种结构之间的连续体。

在物理学家、化学家和晶体学家之中，这一发现所产生的效应是爆炸性的。类似的非周期性结构很快就被引入到其他合金中，数十篇论文开始出现。固体物质很明显可以呈现出具有任何旋转对称性的非周期性晶格。人们提出各种各样镶嵌片组合的立体铺陈来作为模型，这些组合由两片或更多镶嵌片构成，其中有些强制产生非周期性，有些则仅仅允许产生非周期性。有人用多层二维彭罗斯铺陈薄片，制造出了一种晶体结构。荷兰的德布鲁因①发展了一种非周期性铺陈的代数理论，其基础是他所谓的"五边栅格"，类似于安曼条。在1987年的一篇论文中，他报告了非周期性铺陈理论和一种洗牌定理之间的意外联系，这一定理被纸牌魔术师们称为"吉尔布雷斯原理"。（关于这条原理，请参见我的《剪纸、棋盘游戏及堆积球》②（*New Mathematical Diversions from Sci-*

---

① 德布鲁因（N. G. de Bruijn），荷兰数学家，在分析、数论、组合数学和逻辑方面都有贡献。——译者注

② 上海科技教育出版社，2017年出版。——译者注

entific American）一书第九章。）①

如今在"准晶体"（即这种新的中间过渡晶体的名称）领域,实验和理论研究两个方面,都在不断前进、蓬勃发展。对于它们的晶格是真正非周期性的这种观点,也存在着反对意见。为首的反对者是鲍林②,他争论说,这些显微图像应该被解释成是一种被晶体学家们称为"多重孪晶"的虚假五重对称性构造。鲍林1985年在《自然》（*Nature*）杂志上的一篇报告中总结道:"晶体学家们现在可以不用再担心他们的那门科学中广为接受的基础之一的正确性受到质疑了。"另一种可能性是,准晶体只不过是一种周期性模式中的一些极大的单位细胞,当更大的样本被制作出来时,就会发现这种周期性模式。此外还存在着其他的一些可能性。准晶体的支持者们坚持认为,显微图像的所有这些可供选择的解释都已被排除了,而真正的非周期性才是最简单的解释。也许几年以后,实验研究会证明这并不成立,而准晶体也许会重蹈聚合水③的覆辙,不过假如非周期性的解释成立的话,那么它就会成为晶体学中一个具有轰动效应的转折点。

假设准晶体是真实的,那么接下去的几年中,我们应该会看到有越来越多的有效技术来制造它们。许多问题都迫切需要答案。在这些奇怪的晶体形成过程中,涉及哪些物理力?彭罗斯提出,或许非局域性量子场效应发挥着一定的作用,因为假如没有一个总体规划的话,我们很难理解这样一种晶体怎么会以这样一种方式以保持其长程非周期性的模式生长。（在前文引用的彭罗斯1976

---

① 参见《不可思议?有悖直觉的问题及其令人惊叹的解答》,涂泓译、冯承天译校,上海科技教育出版社,2013年,第十二章。——译者注

② 鲍林(Linus Carl Pauling),美国化学家,量子化学和结构生物学的先驱者之一。1954年诺贝尔化学奖和1962年诺贝尔和平奖得主,是获得不同诺贝尔奖项的两人之一(另一人为居里夫人)。——译者注

③ 聚合水是曾被假设存在的水的一种特殊形态,但是后来被实验和理论研究推翻。——译者注

年所写的信中那一段,关于病毒的那些推测反映出他的关切:准晶体怎么能够在没有非局域性力引导的情况下生长?)准晶体具有怎样的弹性性质和电子特性?地质学家们会有朝一日发现大自然制造出来的准晶体吗?

如果准晶体就是其捍卫者们所认为的那种东西,那么它们就提供了一个突出的实例,说明纯粹为了消遣和美学上的满足,在趣味数学中做出的工作,如何能够对物理世界和技术产生具有重要意义的实际应用。

1980年,我在贝尔实验室聆听了康韦所作的关于彭罗斯铺陈的演讲。在讨论"洞理论"时,他说他喜欢想象一个巨大的寺院,地板用彭罗斯铺陈镶嵌而成,一根圆柱则恰好竖在中央。这些镶嵌片看起来似乎进入了这根柱子的底部。实际上,这根柱子盖住了一个无法镶嵌的洞。顺便提一下,在这样的图案上,安曼条在通过这个洞时不再是连贯的直线了。

当然,一种彭罗斯铺陈总是可以用四种颜色来着色,从而使得任何两片颜色相同的镶嵌片都不会具有共同的边界。它总是可以用三种颜色来着色吗?康韦说,从局部同构定理出发可以证明:如果有任何一种彭罗斯铺陈可以用三种颜色来着色,那么所有彭罗斯铺陈就都可以,不过到目前为止还没有人证明任何一种彭罗斯铺陈可以用三种颜色来着色。

康韦给出了以下这种简单的归谬法[①]证明(他将这种证明归功于英国数学家巴洛[②],这位数学家于1862年去世,如今他最为人们所知的是他的那些数学用表书籍):任何铺陈图案都不可能具有一个以上的五重对称中心。假设它具有一个以上五重对称中心。选择其中相互最靠近的两个:A 和 B(见图2.3)。将

---

① 归谬法是一种论证方式,首先提出与结论相反的假定,然后从这个假定推出矛盾或荒谬的结果,从而证明原来的结论正确。——译者注

② 巴洛(Peter Barlow),英国数学家和物理学家,他1814年出版的《新数学用表》(*New Mathematical Tables*)一书中给出了从1到10 000的所有整数的平方、立方、平方根、立方根和倒数。这些表格被定期重印,直至1965年电子计算机代替了它们的功能。——译者注

这个图案绕着B点顺时针旋转360/5=72度,从而将A点如图所示转到A'。恢复到初始位置,然后将这个图案绕着A点逆时针旋转72度,从而将B点转到B'。得到的结果是:(如果我们的假设正确的话)这两次旋转都会使这个图案保持不变,不过现在它有了两个新的五重对称中心A'和B',而A'B'比AB要短。这与我们的第二个假设(A和B是最靠近的两个对称中心)发生了矛盾。

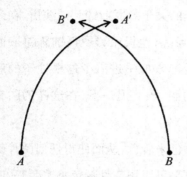

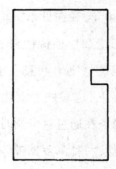

图2.3 巴洛证明没有任何一种图案可能具有两个五重对称中心

图2.4 没有任何方式进行铺陈的康韦镶嵌片

有一些单独的镶嵌片(以及镶嵌片组)仅以一种方式周期性地铺陈平面:例如正六边形和十字形拼板。所有三角形和所有平行四边形都有不可数的无数种铺陈方式。格林鲍姆和谢泼德推测:不存在具有可数的无数种周期性铺陈方式的镶嵌片。他们还推测:给定任何正整数r,就存在着一些恰好以r种方式铺陈平面的单独镶嵌片。对于r=1至10,都已经找到了这样的镶嵌片。康韦在演讲中展示了r=0的情况下他所谓的"康韦镶嵌片"(图2.4)。他在结束时说道,在这次演讲中,是他第一次没有漫不经心地把"飞镖和风筝"说成"风镖和飞筝"。

第 3 章

芒德布罗的分形

祖鲁[1]人非笑就蹙眉，

眼前总有着一条弧线。

若问去镇上有多远，

他们说："蝴蝶一飞就到。"

——厄普代克(John Updike)[2]

《祖鲁人生活在没有广场的土地上》

(*Zulus Live in Land without a Square*)

---

① 祖鲁(Zulu)是南非的一个民族，约1100万人口，使用的语言是祖鲁语。——译者注
② 厄普代克，美国小说家、诗人，1982年和1991年两次荣获普利策奖。——译者注

数学史上有一个吸引人的方面,即各类数学对象的名称定义如何不断地受到修改。这个修改的过程通常是这样的:这些对象得到一个名称x,并依照直觉和用途以一种粗略的方式来对其进行定义。然后有人发现了一个例外的对象,它满足该定义,但显然不是每个人心目中称之为x的对象。于是一种新的、更加精确的定义就被提出了,这种定义要么把这个例外的对象包括在内,要么把它排除在外。只要没有任何新的例外出现,这种新定义就是"奏效"的。如果有新例外出现,那么这个定义就不得不再次修改,并且这个过程可能会没有确定期限地继续下去。

如果这些例外与直觉完全背道而驰,那么它们有时会被称为畸异物。它们常常会被冠上"病态的"这个形容词。本章中,我们考虑"曲线"这个词,描述曾迫使这个术语要重新定义的几个畸异物,并介绍去年高思帕①捕获的一个吓人的新畸异物。高思帕是一位才华横溢的计算机科学家,目前在加利福尼亚州山景城的辛博利克斯公司供职。阅读过我的一些书籍的读者们,以前就在与细胞自动机游戏"生命"②相关的内容中读到过高思帕。正是高思帕构造出了"滑翔

————————

① 高思帕(William Gosper),美国数学家和程序设计员,被认为是黑客团体的创立者之一。——译者注

② 细胞自动机是一种采用离散模型模拟包括自组织结构在内的复杂现象的方法,而康韦的"生命"游戏是他在1970年发明的一种细胞自动机。——译者注

机枪"，这才使得"生命"游戏中的细胞空间有可能得到"普遍化"。（参见我的《车轮、生命和其他数学消遣》（*Wheels, Life and Other Mathematical Amusements*）一书中关于"生命"游戏的那三章。）

古希腊数学家们对于曲线有好几种定义。其中之一是，它们是两个表面的相交线。例如，当一个圆锥体被一个平面以某种角度切割时，就会产生圆锥曲线。另一种定义是，它们是一个移动点的轨迹。转动圆规的一叉形脚就会给出一个圆；拉动绕着两根钉子的闭合圆环上的移动记录针，描绘出来的就是一个椭圆。诸如此类，使用一些更加复杂的手法会构造出其他一些曲线。

17世纪的解析几何使我们有可能更加精确地去定义曲线。熟悉的曲线变成了代数方程的图形。一条平面曲线可以被定义为笛卡尔平面上满足任何一个二元方程的点所构成的轨迹吗？不能，因为有些方程的图形呈现为一些不连续的点或线，没有人想要将这样的图形称为曲线。微积分学暗示了一条解决之道。"曲线"这个词仅限于这样一个图形：它的各点由一个方程的连续函数所描述。

从直观上看来很明显的一点是，如果一条曲线是一个连续函数，那么就应该有可能求出这个函数的微分，或者相当于画出这条曲线上的任意一点的一条切线。不过，在19世纪的后半叶，数学家们开始去找所有类型的畸异曲线，它们在任何一点都不具有唯一的切线。1890年，意大利数学家和逻辑学家皮亚诺[①]描述了其中最令人不安的畸异物之一。他展示了单独的一个点连续地在一个正方形上移动，会如何（在一段有限时间内）通过这个正方形及其边界上的每一个点至少一次！（事实上，任何这样的曲线必定穿过无限多个点至少三次。）在极限情况下，这条曲线就变成了一个实心正方形。皮亚诺曲线是一个连

---

① 皮亚诺（Giuseppe Peano），意大利数学家、逻辑学家、语言学家，数学逻辑和集合理论的先驱。——译者注

续函数的合法图像。然而在这条曲线上的任一点上都不能画出一条唯一的切线，因为在任何时刻我们都无法明确一个点移动的方向。

希尔伯特[1]提出了一种简单的方法，用两个端点来产生一条皮亚诺曲线。从图3.1的几张图，应该能清晰地看出他的递归过程的前四步。在极限情况下，曲线开始并终止于正方形上面的两个顶角。图3.2中的四步显示了谢尔宾斯基[2]如何制造出一条闭合皮亚诺曲线。

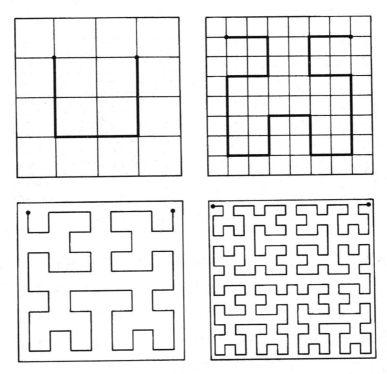

图3.1　希尔伯特的开放皮亚诺曲线

① 希尔伯特（David Hilbert），德国数学家，他提出的希尔伯特空间理论是泛函分析的基础之一，对量子力学和广义相对论的数学基础也作出了重要贡献。——译者注

② 谢尔宾斯基（Waclaw Sierpinski），波兰数学家，对集合论、数论、函数论和拓扑学等方面都作出了重要贡献。——译者注

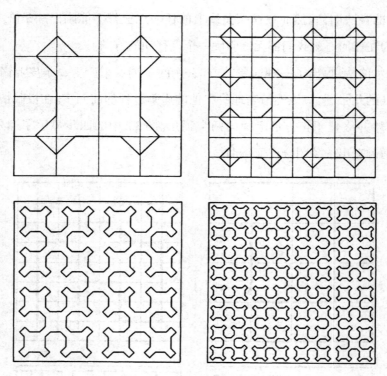

图 3.2　谢尔宾斯基的闭合皮亚诺曲线

　　在这两种情况下,都把其中相继的图形看成是逐次逼近那张极限曲线图形的近似。在每种情况下,这条极限曲线都无限长,并且都完全填满这个正方形,尽管每种近似形式中都遗漏了不可数的无限多个点,这些点的两个坐标值都是无理数(一般而言,一个近似曲线序列的极限可以通过许多并不在这些近似曲线的任何一条上的点)。谢尔宾斯基的曲线所界定的范围是正方形面积的5/12。嗯,并不确切如此。这些构造过程趋近这个分数作为一个极限,不过这条曲线本身,即这个极限函数的图像,则消除了内部和外部之间的区别!

　　皮亚诺曲线令数学家们感到极度震惊。这些曲线的路径看似是一维的,然而在极限情况下,它们却占据了一片二维的面积。它们应该被称为曲线吗?更

糟糕的是,皮亚诺曲线也可以很容易被画成占满立方体和超立方体①。

科赫②是一位瑞典数学家,他在1904年提出了另一种令人喜爱的畸异物,现在它被称为雪花曲线。我们从一个等边三角形开始,然后应用图3.3所示的这种简单递归构造过程,产生出一条皱褶卷缩的曲线,形似一片雪花。在极限情况下,它的长度是无限的。实际上,这条曲线上任意两点之间的距离都是无限长!这条曲线所界定的面积恰好等于那个初始三角形的8/5。像一条皮亚诺曲线一样,它的各点处都不存在唯一切线,这就意味着这条曲线的生成函数虽然是连续的,但是没有导数。

如果这些三角形是向内构造,而不是向外构造,那么我们就会得到反雪花曲线。它的周长也是无限长,而它界定了无限多个不连通的区域,其总面积等于那个初始三角形的2/5。我们可以从一个边数为三条以上的正多边形开始,然后在每条边中间的1/3段上竖起相似的多边形。一个正方形如果加上向外突出的正方形,就会产生无限长的十字绣曲线,它所界定的面积等于那个初始正方形的两倍。(参见我的《〈科学美国人〉的数学游戏第六册》(*Sixth Book of Mathematical Games from Scientific American*)一书第22章。)如果加上去的这些正方形是向内的,那么它们就会产生出反十字绣曲线,这条无限长曲线所界定的面积为零。与此类似的构造过程,如果从大于四条边的多边形开始,结果就会产生自相交的曲线。

雪花曲线在三维空间中有一个相似物,其构造方式是将一个正四面体的每个面都划分成四个全等的三角形,然后在中间那个三角形上竖起一个较小的四面体,并且将这个过程无限继续下去。最终结果会是一个具有无限大表面

---

① 超立方体是二维的正方形和三维的立方体推广到n维的类比。——译者注

② 海里格·冯·科赫(Helge von Koch,1870—1924),瑞典数学家,主要研究领域是数论。他提出的科赫雪花是最早被描述出来的分形曲线之一。——译者注

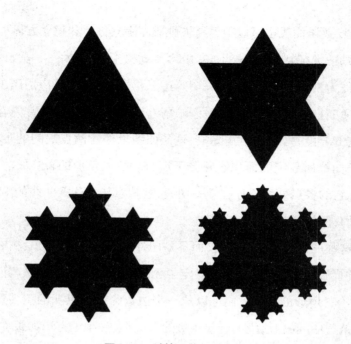

图3.3 科赫雪花的前四阶

积的有限立体图形吗?不会,令人诧异的答案(高斯帕使我确信)是,在极限情况下其表面会变成一个完美立方体!

　　我们可以将一个正多边形的每条边分成三段以上,从而进一步推广这个过程。例如,将一个等边三角形的每条边都分成五段,在其第二和第四段上各竖起一个小三角形,然后这样重复至极限情况。一种终极的推广是,从能够被分成若干段全等线段的任意闭合曲线开始,然后以任何你喜欢的方式改变这些线段,只要这种改变是分段的,从而这种变化能够在越来越短的线段上重复进行下去,直至极限情况。在一些立体图形的表面可以进行类似的构造。当然,其结果可能会是一些杂乱的、自相交的曲线,或是一些没有什么特别趣味的曲面。

　　关于其他种种病态的、平面上的畸异物,足可以写成一本书。荷兰拓扑学

家布劳威尔①在1910年发表了一种递归构造过程,用于将一个区域切割成三个子区域,其切割方式极其疯狂,以至于在极限情况下,全部三个子区域在每一点都相互接触[参见哈恩(Hans Hahn)撰写的《几何与直觉》一文;《科学美国人》,1945年4月]。布劳威尔的构造方式可以推广为:将一个区域分成n个子区域,全部子区域都在每一点相接触。还有一族更近期发现的畸异物——龙形曲线,《科学美国人》的数学游戏专栏在1967年对它们进行了介绍[在我的《交际数、龙形曲线及棋盘上的马》②(*Mathematical Magic Show*, Knopt, 1977)一书中转载],后来戴维斯(Chandler Davis)③和高德纳在1970年的一篇文章中对它进行了分析。

现在,我有幸来阐述高思帕的新怪物,这是一条美丽的皮亚诺曲线,被他称为"流蛇"④。它的构造方式是从一种由七个正六边形构成的图案开始的(见图3.4)。将八个顶点按照图示方式,用七条等长的细线段连接。这条细线就是流蛇的第一阶。第二阶用粗线表示,是将每条细线段用一条类似的、由七条线段构成的扭曲线条代替而得到的。这条粗线上的每个线段是细线段长度的$1/\sqrt{7}$,这一比例在构造过程中的每一阶段都保持不变。

这种递归过程继续下去,就会产生更高阶的流蛇。图3.5中显示了第三阶和第四阶流蛇的计算机绘图。通过将平面分成黑白两色,其分割线通过流蛇的两个端点,我们就能看出这条曲线如何将平面切割成两个区域,这两个区域以几乎相同、却又不完全相同的模式迂回曲折,交织在一起。

---

① 布劳威尔(L. E. J. Brouwer, 1881—1966),荷兰数学家和哲学家,数学直觉主义流派的创始人,在拓扑学,集合论,测度论和复分析领域也有贡献。——译者注

② 上海科技教育出版社,2017年出版。——译者注

③ 戴维斯(Chandler Davis, 1926—),美裔加拿大数学家、作家,主要研究领域为线性代数和算子理论等,同时也撰写惊险科幻小说。——译者注

④ "流蛇"(flowsnake)是将"雪花"(snowflake)中两个单词的前两个字母互换得到的。——译者注

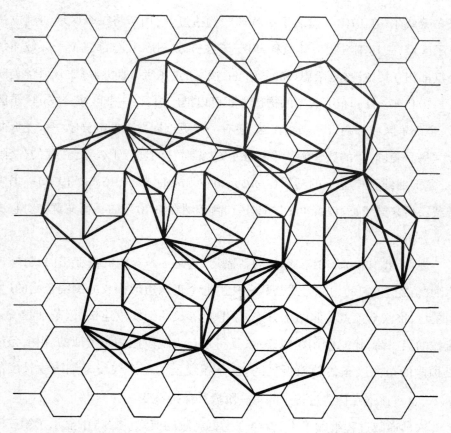

图 3.4　高思帕的"流蛇"的第一阶(细线)和第二阶(粗线)

画出相继的流蛇函数的极限图像的曲线通过其区域中的每一个点至少一次,完全填满了这个空间。这条曲线是无限的、不可微分的。像直线一样,如果你扩大其任何一部分,得到的图案看起来总是一样的,从这种意义上来说,它是自相似的。雪花曲线具有同样的性质。

鉴于这些疯狂的曲线,数学家们现今如何定义一条曲线呢?舞台上挤满了畸异物,以至于没有任何一条单独的定义能涵盖"曲线"这个词通常适用的所有对象。拓扑学家将一条曲线定义为密集的、相连的、并构成一个一维连续统

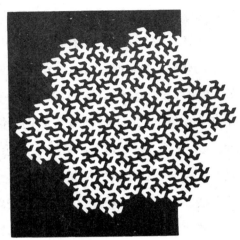

图 3.5　第三阶(左图)和第四阶(右图)流蛇

的点集。不过要使这一定义清晰,还需要关于点集拓扑学的一段冗长论述。这种定义抓住了那些行为规矩的曲线(它们画出了具有导数的函数的图像),但是遗漏了我们一直在考虑的一些不可微分的畸异物。莫里森[1]曾这样写道:"我们当然没有物理上的雪花曲线。大自然不产生无限,甚至在分子碰撞中也不会产生。在埃[2]的数量级就截止了。不过,还是处处充满惊奇。"莫里森所谓的惊奇意指那些随机的自然图案,从统计意义上来说,它们在相继放大时具有自相似特征。他的这些评论出现在对芒德布罗[3]用法语写的卓越著作《分形对象:形式、几率和维度》(*Les Objets Fractals: Forme, Hasard et Dimensions*)的一篇书评

---

① 莫里森(Philip Morrison,1915—2005),美国物理学家,主要研究领域为量子力学、核物理和高能天体物理,在第二次世界大战期间曾参与研制原子弹的曼哈顿计划。——译者注

② 埃(angstrom)是一种长度单位,一般用于表示波长,其符号为 Å,1 埃=10^{-10}米。——译者注

③ 芒德布罗(Benoît Mandelbrot,1924—2010),波兰裔数学家,具有法、美双重国籍。他创立了分形几何,并创造了"分形"这个词。——译者注

中(《科学美国人》,1975年11月)。

芒德布罗是一位出生在波兰(1924年,华沙)的法国数学家,他现在①是位于纽约州约克镇高地的IBM公司托马斯·J·沃森研究中心的研究员。如同乌拉姆②以及许多其他杰出的波兰数学家一样,芒德布罗的职业生涯包含了由纯数学和应用数学共同构成的非凡的创新性工作,尤其见长于物理学和经济学方面。他的老师、法国数学家莱维③最先对统计性自相似曲线进行了系统研究,不过在芒德布罗认识到它们是分析大量不同物理现象的一种基本工具之前,这些曲线一直被认为是无用的、怪诞的奇思异想。

芒德布罗的书中到处是这样的图片。想想海岸线。它们如蝴蝶飞舞般地不规则,但这种不规则性,从统计上来讲,是自相似的。从很高的高处看一条海岸线,和从低处看起来是相同的。谈论一条海岸线的"长度"是毫无意义的,因为它完全取决于测量的精度。正如莫里森所说:"在不同比例的地图上,在上至数百千米、下至也许数米的尺度上(在后一尺度上已经不再能称地图了,卵石都已开始显示出来了),海岸线遵循着如雪花曲线那样的一种幂次定律。"

月球表面是另一个例子。还记得你看到沿着围绕月球的轨道运行的人造卫星拍摄的第一批月球近景照片时感受到的惊奇吗?月球那满是凹坑的表面,跟在地球上用望远镜拍摄到的那些照片相比,基本上是一样的。只是这些撞击坑大小不同而已。同样的随机自相似性,在某些奶酪的表面、在恒星于天空中的散布中、在树皮上、在山脉的轮廓线中、在大气湍流中、在听觉噪音中以及在

---

① 指的是原书出版时间1989年。——译者注

② 乌拉姆(Stanislaw Ulam,1909—1984),波兰裔美国数学家,研究领域包括遍历理论、数论、集合论、代数拓扑等,在第二次世界大战期间曾参与研制原子弹的曼哈顿计划。——译者注

③ 莱维(Paul Pierre Lévy,1886—1971),法国数学家,现代概率论开拓者之一。——译者注

无数其他自然模式中,也可以找到。悬浮颗粒的布朗运动近似于一条统计上自相似的曲线,这条曲线(在极限情况下)无限长且处处没有切线。

让我们回过头来讨论流蛇,仔细观察一下它的周长,以及一个令人惊异的悖论。通过一个递归过程,我们可以构造出它的周长,这比我们用来构造流蛇本身的那个过程要简单得多。图3.6显示了它是如何做的。从一个正六边形开始,然后将每条边都用一条由三段相等线段构成的之字形线(细线)来代替,每段长度是初始边长的 $1/\sqrt{7}$。结果得到一个非凸十八边形。由于之字形线增加的面积和它减去的面积一样大,因此这个十八边形与初始的六边形显然具有相同的面积。对这十八条边的每一条都重复这个构造过程,结果产生一个五十四边形,然后想象把这个递归过程持续下去直至无限。边数在每一步都翻三倍,但是面积却一直没有变化。在极限情况下,流蛇所填充的面积与初始六边形的面积严格相同。

这整个区域具有一种令人震惊的性质。如图3.7中所示,它可以被剖解为七个子区域,每个子区域都是整个区域的一个精确复本。

现在来讨论那个悖论。一个子区域的面积占整个区域的比例是多少?显然是1/7,因为七个全同的子区域构成了整个区域。但是让我们从另一个角度来

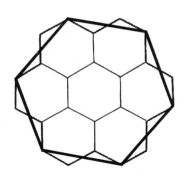

图3.6　构造流蛇的边界

分析,同时请记住,相似图形的面积与它们的线性尺度的平方成正比。外周长由六条线段构成,例如从A到B的线段,它等于一个子区域闭合边界的一半。显然,一个子区域的边界必须按3的线性倍数扩大,才能与整个区域的边界相符。但是如果真是这样,那么这两种面积的比例必须是$(1/3)^2 = 1/9$。我们似乎已经证明了这两个面积之比既是1/7,又是1/9。正如高思帕在初次寄送这个悖论时所问到的那样:*Voss ist los?*①

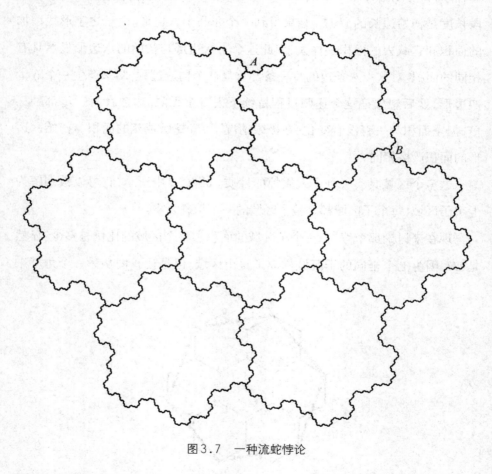

图 3.7　一种流蛇悖论

———————

① 德语,意为"发生了什么?"——译者注

答案就在于这条病态的边界所具有的奇异的、违反直觉的特征。关于它所界定区域的面积，并不存在任何模糊不清的地方。它确实就等于一个子区域面积的七倍。其边界也不是模糊不清的。它看起来模糊，但仍然是一个精确定义的无限点集。不过，它具有一个强烈违反直觉的性质。这七个子区域之一的边界必须按多大的线性倍数扩大，才能使它与外部的总边界全同？我们可能会料想是 3 这个因子，不过实际上这个因子是 $\sqrt{7} = 2.645\cdots$。当然，要把这条边界打印出来是不可能的，因为在极限情况下，它的复杂性是无限的。在可以显示出仅仅几步构造过程以后，墨迹就开始糊在一起了。

现在，一个深层次的问题产生了。这条流蛇的边界应该说是多少"维"呢？像雪花一样，它处在一维和二维之间的一个奇特的交界地带。1919 年，一位德国点集拓扑学家豪斯多夫[①]解决了这一困难，他的方法是对此类曲线给予分数维度，或者芒德布罗所说的"分形"维度。这个术语是芒德布罗在 1975 年前后提出的。他是以拉丁动词"*frangere*"（意思是"打破"）及其形容词形式"*fractus*"为基础的。这个术语暗示着分形所具有的破碎的、片段状的特征，以及正如我们将要看到的，用于表示分形的粗糙程度的，是一些分数。分形维数不应与豪斯多夫空间相混淆，后者是某些拓扑结构，万幸我们在这里不必去探究它们。

我们熟悉的欧几里得维度 0, 1, 2, 3, 4, …有时也被称为拓扑维数，因为它们的空间在拓扑上是完全不同的。也就是说，你不能通过连续拓扑形变将其中的一个空间变为另一个空间。一个点的拓扑维数为 0。像直线、圆、抛物线等平滑、行为规矩的曲线，它们的拓扑维数为 1。曲面维数是 2，立体维数是 3，而超立体的维数则是更大的整数。

为了理解分形维度是如何计算的，首先考虑一根直线段。如果将它以倍数

---

① 豪斯多夫(Felix Hausdorff, 1868—1942)，德国数学家，拓扑学的创始人之一，对集合论和泛函分析也有重要贡献。——译者注

x 放大，这条放大后的直线可以被分割成 y 段，而且每一段都是原线段的复制品。那么这条线段的维数就是能够使得 x 的幂等于 y 的那个指数。在本例中 $x=y$，因为将这条线段翻倍就会产生两条原线段的复本，将这条线段延伸为原来的三倍，就会产生三条原线段的复本，以此类推。我们可以用 log 2/log 2=1 来表达这个缩放比例。

通过将一个正方形的边长延长一倍来放大这个正方形。这个扩大了的正方形可以被分割成 4 个原正方形。如果你将它的边长扩大为原来的三倍，那么它就可以被分割成 9 个原正方形。概括而言，如果你将一个平面图形增大一个线性倍数 x，那么它的面积就会增大 x^2 倍。因此，一个正方形的维数就是 log 4/log 2=2。如果你将一个立方体的边长翻倍，放大后的立方体就可以被分割成八个原立方体。它的维数就是 log 8/log 2=3。这对于更高维拓扑（欧几里得）空间内的超立方体也成立。

现在让我们来将这种方法应用于雪花。如果你将它的一部分放大一个线性倍数 3，那么它就会产生 4 个原型。在每一个构造步骤中，这条参差不齐的线条的长度都恰好是原先那条线的 4/3 倍，尽管每条直线段的长度是原先线段长度的 1/3。因此，我们可以合理地为极限情况下的曲线指定一个豪斯多夫维数 D（或者也可以叫分形维数），即 log 4/log 3=1.261859…。高思帕流蛇的边界是通过重复地将一条线段用一条长度为其 3/$\sqrt{7}$ 的之字形路径来代替。它的分形维数就是 log 3/log $\sqrt{7}$ = 1.12915…。

将这些数字称为"维数"是有些误导性的。它们并不是欧几里得维度。最好把它们看作是复杂性的量度，或者像芒德布罗曾经说过的那样，是"扭摆程度"的量度。高思帕的流蛇边界的复杂性比雪花要稍微低一点。图 3.8 摘自芒德布罗 1977 年的作品，用长度为八个单位的线段来取代长度为四个单位的线段，结果产生了一个近似方型的非对称雪花，其复杂度为 log 8/log 4 = 1.5。因此它

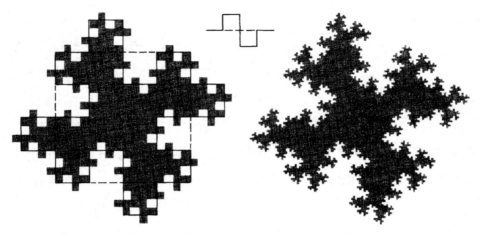

图 3.8　芒德布罗的矩形雪花前三阶

的分形维就比流蛇边界稍高一点。由于在每个构造步骤中增加的面积量与减去的面积量都是相等的,因此极限曲线所界定的面积与初始正方形的面积相同。

我们可以将分形维数用一般公式 $D = \log n / \log \sqrt{1/r}$ 表示,其中 n 是当原型被放大 r 倍时所产生的自相似部分的数量,D 是分形维数。从欧几里得的意义上来说是一维的分形曲线,如果这条曲线是在平面上的,那么它就可能具有范围从 1 到 2 的分形维数,但是如果这条曲线扭曲穿过更高维数的欧几里得空间,那么也可能达到更高的分形维数。如果一条分形曲线通过平面上其边界内的所有点,就像流蛇(这条蛇本身,而不包括其边界)和其他皮亚诺曲线一样,那么它在极限情况下,欧几里得维数和分形维数都达到 2。如果它通过一个立体图形中的每一点,那么它在极限情况下,欧几里得维数和分形维数都达到 3。同样,一个欧几里得维数为 2 的分形曲面,只要它是限制在三维空间中,那其分形维数的范围就是从 2 到 3,但是如果它扭曲穿过更高维数的欧几里得空间,那么它的分形维数也可能更高,对于具有更高拓扑维数的分形结构,则可

55

依此类推。

分形可能会具有小于1的复杂维数吗?答案是肯定的,然而这些构造在拓扑上并不等价于线段。例如,移走一条线段的中间三分之一,然后再移走余下两段线段各自的中间三分之一,并将这个移走三分之一的过程继续下去,直至无穷。芒德布罗喜欢把得到的结果称为"康托尔尘埃"。在文献中,它们被称为康托尔间断集或康托尔集,这是以研究过它们的康托尔[①]的名字命名的。当你应用芒德布罗的分形公式时,你得到一个介于0和1之间的数。在这种情况下,这个数是 $D = \log 2/\log 3 = 0.6309\cdots$。"切割"过程不同,给出的数字也不同。芒德布罗将它们称为"亚分形",以便与具有比其欧几里得维数更高的数字的分形区别开来。

在纯数学的抽象世界中,我们考虑过的这些分形结构被称为"有序分形"。当然在真实世界中是不存在有序分形的。像海岸线、树木、河流、云、血管、电闪、布朗运动中的粒子路径以及数以千计其他类似分形的现象都是不完美的模型,它们是(在一定的上限和下限之间的)统计意义上的分形。它们保持一种统计上的、不依赖于缩放比例的相似性,从这种意义上来说,它们是自相似的。我们必须对不同缩放比例的分形数取平均值,而要做到这一点,我们当然就必须进行实验研究。此类分形被称为随机分形或者统计分形。举例来说,海岸线所具有的分形维度是因不同的海岸线而异的。调查结果显示,它们落在1.15到1.25的范围内,英格兰西海岸的复杂程度的测量结果,就是其中的第二个数字。

山脉的表面是随机曲面分形的极佳模型。芒德布罗和他的同伴们,其中尤其是国际商用机器公司(International Business Machines Corporation,缩写为

---

① 康托尔(Georg Cantor, 1845—1918),德国数学家,集合论的创始人,晚年患抑郁症,精神失常。——译者注

IBM)的沃斯(Richard F. Voss),在过去的几年中一直在编写一些计算机程序,用于生成人造山脉、云以及具有人造海洋和大陆的虚构行星。插页图1展示了沃斯最令人屏息凝神的计算机绘图之一:从一颗人造的月球上看一颗同样从未存在过的类地行星。通过基于分形公式的计算机程序,还生成了人工云。事实证明,模拟树木比较困难,不过佐治亚理工学院的巴恩斯利(Michael Barnsley)和他的同事们已经找到了一些模拟叶子和蕨类的方法[参见彼得森(Ivars Peterson)1987年的文章]。这些计算机绘图的展示促使产生了科幻电影中那些虚构行星上的奇异人造景观,其中首开先河的就是《星际旅行2:可汗怒吼》(*Star Trek II: The Wrath of Khan*)。

在任何欧几里得空间中采用小于空间维数的分形数,就可以在此空间中构建出康托尔集,从而产生像海绵那样的“尘埃”结构。芒德布罗曾生成过三维空间中的康托尔尘埃随机分形,这些分形对于恒星在宇宙中的视分布的模拟,达到了令人惊奇的程度。星团、超星系团、超超星系团这样的层级结构,意味着整个宇宙在一定限度内也许是接近于随机分形结构的。

补 遗

本章的内容基于最初1976年发表在《科学美国人》上的文章,其后已有了相当多的扩展和更新,不过现在仍然需要再做一番更新。

1967年,当芒德布罗在他的经典论文《英国的海岸线有多长?》中首次写到分形时,他肯定预料不到自己的工作会以怎样的速度在数学和物理学两个领域触发革命。分形不仅成为拓扑学中最有活力的研究领域之一,随着高速计算机担当起基本工具的作用,它们还成为一个被称为混沌理论的物理学革命性新领域的基础内容。这个课题是如此广阔,而且发展得如此之快,以至于我在这里力所能及的,只能是请读者参阅论述这个课题的第一本非技术性书籍——格雷克①的那本杰出的《混沌:开创新科学》(*Chaos: Making a New Science*, Viking, 1987)②。

格雷克的概述会向你介绍混沌中的那些所谓"奇异吸引子"所涉及的几种最重要的分形,会介绍像朱利亚集这样的(复平面上的)美丽分形,还会介绍芒德布罗在1980年发现的那个不可思议的芒德布罗集(M集)。它被称为是几何学中最为神秘的东西。随着研究的继续,分形的定义已扩展到这样一个程度,以至于芒德布罗提议延缓对它的最终定义,等一切尘埃落定后再说。例如,有序分形不再有必要在所有缩放尺度上都保持自相似性。所有类型的"非线性分形"都被构造出来了,比如说在相继放大时显示出仿射畸变的仿射分形。M集是某种包含所有朱利亚集的词典(我不会设法去解释这句话是什么意思!),它并不是自相似的,尽管包含着无限多个自身的复本,除非是以一种拓扑学方式来看。每放大一个新的层次都揭示出一些出于意料的惊奇。在超过一年的时间里,随着不断进行相继的放大,人们甚至不知道这个集合是不是连通的。每一次放大都揭示出一些分离的"岛"和尘埃粒子。进一步放大会把这些不连通的部分与大陆连接在一起,但是新的岛和尘埃又会出现。1982年,人们最终证明这种集合在极限情况下确实是连通的,不过要揭示出它的那些主要特征,也许还需要几十年的时间。

在《全方位》③杂志的一次访谈(1986年6月)中,英国数学物理学家彭罗斯

① 格雷克(James Gleick,1954—),美国科普畅销书作家,曾三次获得普利策奖。——译者注

② 上海翻译出版公司、社会科学文献出版社、上海译文出版社、高等教育出版社等都曾先后翻译出版过此书的中译本,各出版社的中文书名稍有不同。——译者注

③《全方位》(*Omni*)是一本美国科普杂志,1978—1995年为纸质版,1986年上线第一期电子版,并于1996年转型为纯电子版,1998年关闭,2003年以《全方位重新启动》(*Omni reboot*)为名再次上线。——译者注

借助了芒德布罗集来支持他对数学的柏拉图式处理方式：

你是否曾经看见过这些由计算机生成的图片,这种被称为芒德布罗集的东西?这就好像是你旅行到了某个遥远的世界。你打开你的传感器,然后看到了这种复杂到不可思议的构型,其中有着各种各样的结构,于是你努力想搞清楚这是什么。你也许会认为这是某种不寻常的景色,或者是某种生物,它的许多幼崽遍布各处,这些幼崽几乎就是这种生物本身,却又不全然如此。非常复杂又精美而且非常令人印象深刻!然而,如果只是看见这些方程,没有人会设想到它们会产生出如此性质的图案。这些景色既然不是在谁的想象中浮现出来的,那么每个人看到的都是相同的图案。虽然你是在用一台计算机探究某件事物,但这与用实验装置来探究某件事物并无不同。

如果你通晓复平面,并且对于用计算机来探究 M 集的奇异丛林感兴趣的话,那么你就应该订阅《杏仁》(Amygdala)。这是一份月报,报道关于 M 集的新发现、探究它的更高效计算机技术,以及任何其他与 M 集相关的、能引起编辑兴趣的内容。这份月报甚至还介绍了一种新的科幻小说亚类,称之为 M 集科幻小说,其中心是诸如此类的概念:M 集是一种居住在超时空中并拥有超自然力量的生命实体。西尔弗(Rollo Silver)是这份月报的创办人和编辑。他将自己描述为"生活和工作在新墨西哥州北部群山中的一名本体论工程师。他失去了朋辈的相伴,因为与世隔绝而几近疯狂,于是在1986年出于自保而创办了《杏仁》。"

你写信到以下地址:Amygdala, Box 219, San Cristobel, NM 87564,就可以得到一份宣传品,里面包含着不同的几期样刊,以及如何订阅这份月报及其彩色幻灯片增刊的信息。顺便说一下,Amygdala 这个词就是拉丁语的杏仁。这个标题是为了向芒德布罗致敬,因为他的名字在德语和意第绪语中都是"杏仁面包"的意思。

芒德布罗的《大自然的分形几何学》(*The Fractal Geometry of Nature*)①一书无疑是有史以来出版过的关于数学的最美丽、最诙谐、最激动人心的书籍之一。其中的行文和慑人心魄的绘图抓住了那些不同寻常的畸异物,例如魔鬼阶梯、闵可夫斯基香肠、高思帕软糖片、伯努利簇、谢尔宾斯基地毯、门格尔海绵、法图尘埃、史奎格、龙形图案以及各种各样的凝乳和奶酪。

自从1987年以来,芒德布罗一直在耶鲁大学任数学教授。1980年,他被哥伦比亚大学授予F·伯纳德奖章以表彰他对科学作出的卓著贡献,这一负有盛名的奖项是由美国国家科学院每五年一次推举产生的。此后他又获得了另外六项杰出贡献奖和六个荣誉博士学位。无疑还会有更多的荣誉到来。他被称为是冯·诺伊曼②和维纳③以后最全能的数学家。

---

① 本书中译本由上海远东出版社翻译出版,译者陈守吉、凌复华。——译者注

② 冯·诺伊曼(John von Neumann,1903—1957),匈牙利裔美国籍犹太数学家,现代计算机创始人之一。他对计算机科学、经济、物理学中的量子力学及许多数学领域都作出了重大贡献。——译者注

③ 维纳(Norbert Wiener,1894—1964),美国应用数学家,控制论的创始人,在电子工程方面作出了许多贡献。——译者注

第 **4** 章

康韦的超现实数

有些人说:"约翰,将它出版";

另一些人说:"不要这样做。"

有些人说:"这也许有好处";

另一些人说:"不然。"

——约翰·班扬[1],《为他的书道歉》

（*Apology for His Book*）

---

① 约翰·班扬(John Bunyan,1628—1688),英格兰基督教作家、布道家。他的著作《天路历程》(*The Pilgrim's Progress*)是著名的基督教寓言文学作品,上海译文出版社、译林出版社、陕西师范大学出版社等都先后出版过此书的中译本。——译者注

康韦是剑桥大学（现在他在普林斯顿大学）最富传奇色彩的数学家，他在他的《关于数字和博弈》（*On Numbers and Games*, Academic Press, 1976）一书（或者如他和他的朋友们那样将这本书称为《*ONAG*》）序言的末尾处引用了以上几行文字。我们很难想象一位数学家会说"不要这样做"或者"不然"。这本书是康韦的代表作：积淀深厚、勇于开拓、不安于现状、富于独创性、光彩夺目、妙趣横生，并且点缀着极棒的卡罗尔①式双关妙语。从逻辑学家和集合论家到最一般的业余爱好者，所有这些擅长数学的人，他们都将花几十年的时间，去重新发现康韦遗漏掉或者忘掉的东西，去探索由他的工作所开创的那些奇异的新领域。

转载在这里图4.1的这幅康韦的速写可以冠名为"约翰·'带角的'（何顿）·康韦"②。画中，那种无限回归的、相互链锁的角，在极限情况下，形成了拓扑学家们所说的"狂野的"结构。画中的这种结构被称为"亚历山大带角球"。尽管它

---

① 卡罗尔（Lewis Carroll）是英国作家、数学家、逻辑学家和摄影家道奇森（Charles Lutwidge Dodgson, 1832—1898）的笔名，他的代表作包括《爱丽丝漫游奇境记》（*Alice's Adventures in Wonderland*）和《爱丽丝镜中奇遇记》（*Through the Looking-Glass, and What Alice Found There*）等。——译者注

② "何顿"（Horton）是康韦的中间名，英语中"带角的"（Horned）与"何顿"读音相近。——译者注

等价于一个单连通的球的表面，但是它却界定了一个不是单连通的区域。环绕着每个角的底部的一条橡皮筋圈，就算用无限多步也无法从这个结构中移去。（市场上有售一种名为"疯狂的圆圈"的四角机械玩具，它有一个尼龙圈，这个圈是可以移去的。）

康韦是计算机游戏"生命"（Life）的发明者，我有幸在我1971年的《科学美国人》专栏中介绍过这种游戏［参见我的《车轮、生命和其他数学消遣》（*Wheels, Life and Other Mathematical Amusements*, W. H. Freeman and Company, 1983）一书中关于生命游戏的那三章。］康韦仔细选择了几条简单到不像话的转换规则，从而创造出一种具有非凡深度和多样性的细胞自动机结构。现在他又再次这样做了。通过引入最简单的可以存在的区别——两个集合之间的二元分割——并加上几条简单的规则、定义和约定，他就构造出了一个由数字构成的丰富领域和一个同样丰富的双人博弈相关结构。

关于康韦的这些数字是如何在连续"几天"（从第零天开始）中创造出来的，在高德纳的中篇小说《超现实数》（*Surreal Numbers*, Addison-Wesley, 1974）①中进行了叙述。因为我在我的《博弈论、手指算术及默比乌斯带》（*Mathematical Magic Show*, Knopf, 1977）②中题目为"无"的那一章中讨论过高德纳的这本书，所以在这里就不再赘述了，只提醒读者们，这些数的构建都基于一条规则：如果给我们一个左集合 L 和一个右集合 R，并且 L 中没有一个成员等于或大于 R 中的任何一个成员，那么在它们之间就存在着一个数 $\{L|R\}$，这个数（按照康韦的定义来说）就是"最简数"。

从字面意义上左边和右边都一无所有的（空集）$\{|\}$ 开始，我们就有了零的

---

① 此书的中译本由电子工业出版社翻译出版，译者高博，该中译本将书名翻译成《研究之美》。——译者注

② 此书的中译本由上海科技教育出版社在2017年1月出版。——译者注

图4.1　约翰·"带角的"(何顿)·康韦,这是他的一位同事在计算机打印纸上给他画的速写

定义。其他一切都来自这样一种技巧:将新创建的那些数插到这种左右安置的表式中。表达式{0|0}不是一个数,不过右边为空集的{0|}就定义了1,而{|0}则定义了−1,以此类推。

通过归纳方法继续进行下去,康韦就能够定义出所有的整数、所有的整分数、所有的无理数、所有的康托尔超限数、一个无穷小量集合(它们是康托尔数的倒数,而不是非标准分析中的无穷小量),以及无限多类人们前所未见的怪异数字,例如

$$\sqrt[3]{(\omega + 1)} - \frac{\pi}{\omega}$$

其中的ω是康托尔的第一个无限序数。

康韦的那些游戏是用一种与此相似但更为一般性的方式构造出来的。其基本规则是:如果L和R是任意两个游戏集合,那么就存在一个游戏{$L|R$}。有些游戏相当于数,有些则不是,但是它们全都(像数字一样)依据于无。康韦写道:"我们再次提醒读者,既然最终我们都要简化到关于空集的数量问题,那么我们的归纳就都不需要一个'基础'。"

在康韦系统的一个游戏中,左方和右方两位玩家交替出招。(左方和右方分别指代两位玩家,比如说白方和黑方,或者玩家A和玩家B,而不是指谁先走谁其次)。每局游戏都从一个初始位置或者初始状态开始。在这种状态下,以及在接下去的每一种状态下,一位玩家可以从几个"选项",或者说几种出招方式中,做出一个选择。每次选择完全决定下一种状态。在标准的游戏过程中,第一个无法合法出招的人就是输家。这是一种合理的约定,康韦写道:"既然我们通常都会在自己找不到任何好的出招方式时就认为自己要输了,那么在我们找不到任何出招方式时,我们显然就应该输了!"在"赤贫"这个游戏中,无法出招的人为胜者,要分析这个游戏通常更为困难得多。每种游戏都可以画成一棵有根的树,其各分支表示每位玩家在每种后继状态处的选项。在康韦的那些树

上,左方的选项向上、向左,而右方的选项则向上、向右。

　　一些游戏也许是"无偏袒"的,比如说取子游戏就是如此,这意味着轮到的玩家可以走任何合乎规则的一步。如果有一种游戏不是无偏袒的,比如说国际象棋(其中每位局中人只能移动他自己的那些棋子),康韦就将它称为有偏袒游戏。这样他的大网就既囊括了各种各样熟悉的游戏,从取子游戏到国际象棋,又囊括了无数以前从未想象过的游戏。尽管他的理论适用于有无限多种状态的游戏,或者有无限多种选项的游戏,又或者上述两者兼有,不过他主要关心的还是在有限步后要结束的那些游戏。他解释道:"左方和右方都是大忙人,负担着沉重的政治职责。"

　　康韦通过一种有偏袒的多米诺骨牌放置游戏所取的一些位置来说明他的理论中那些较低层次的东西,这些例子我在《打结的甜甜圈和其他数学消遣》(Knotted Doughnuts and Other Mathematical Entertainments, W. H. Freeman and Company, 1986)一书中的第十九章——十字塞砖棋,康韦称之为"多米诺称霸"——中作过简短讨论。棋盘是一块任意尺寸和形状的长方形国际象棋棋盘。玩家轮流将一枚多米诺骨牌放置在棋盘上,以覆盖住两个相邻的方格,但是左方必须竖直放置他的骨牌,而右方则必须水平放置他的骨牌。第一位无法下子的玩家就输了。

　　一个孤立的空方格

不允许任何一方下子。"不允许下子"就对应空集,从而用康韦的标记法来表示,这个所有游戏中最简单的情形就被赋以值{ | }=0,这是所有数字中最简单的一个。康韦称之为终局。它的树形图明示在这个方格的右边,仅仅是一个没有任何分叉的根节点。由于双方都无法下子,因此第二位局中人无论是左方还是右方,他都是胜者。康韦写道:"在这局游戏中,我尊重您,让您先走。"既然你

无法出招,于是他就赢了。

由两个(或三个)方格构成的一根竖放的长条

对右方来说一步也不能走,但是允许左方走一步。左方的一步导致一个值为0的位置,于是这个区域的值就是{0| }=1。这是所有正游戏中最简单的一种,它对应最简单的正数。无论从谁开始,正游戏总是左方胜出。这个区域的树形图如上图右边所示。

由两个(或三个)方格构成的一根横放的长条

允许右方走一步,但不允许左方走。这个区域的值是{ |0}=−1。这是所有负游戏中最简单的一种,它对应于最简单的负数。无论从谁开始,负游戏总是右方胜出。

由四个(或五个)方格构成的一根竖放的长条

值为2。右方没有一步可走。左方如果愿意的话,可以取中间两个方格,从而能留下一个零位置,不过他的"最佳"策略是取任一端的两个方格,因为这样他就可以额外再走一步。如果这个区域就是整个棋盘,那么当然这两种走法都会取胜,不过如果这是一个更大棋盘上的一个孤立区域,或者是一场"组合游戏"中的许多棋盘之一,那么在走每一步时要使得对于这个玩家来说留下来的仍还可走的步数最大化,这也许就很重要了。出于这个原因,这棵树只显示了左方的最佳策略。这局游戏的值是{1,0| }={1| }=2。由四个方格构成的一根横放的长

条所具有的值是 – 2。假如只有一位玩家可以在一个区域内下子，并且他将自己的 n 枚多米诺骨牌容纳在其中，且无法容纳更多，那么显然，如果这位玩家是左方的话，那么这个区域具有的值就是 + n，而如果这位玩家是右方的话，这个区域具有的值就是 –n。

如果两位玩家都能在一个区域内下子，事情就会变得更加有趣，因为这样一位玩家就可能有办法来阻止他的对手。考虑以下这个区域：

左方可以放置一枚多米诺骨牌，用来阻止右方所有下子方式，从而留下一个值为 0 的位置并获胜。右方无法类似地阻止左方，因为右方的唯一下子方式会留下一个值为 1 的位置。用康韦的记号法来表示，这个位置的值是 {0, –1|1} = {0|1}，这个表达式定义了 1/2。因此这个位置算作是有利于左方半招。将这个 L 型区域转 90 度，我们就会发现这个位置是 {–1|0,1} = {–1|0} = –1/2，或者说是有利于右方半招。

在康韦的理论中还出现了一些更为复杂的分数。例如

具有有利于左方的、值为 {1/2|1}=3/4 的一招，因为 3/4 是 1/2 和 1 之间最简单的数，而 1/2 和 1 则分别是左方和右方的最佳选项。在一种被称为有偏袒的哈肯树丛游戏中（这种游戏的无偏袒形式在我的那本《车轮、生命和其他数学消遣》中有过解释，而在康韦的书中则进行了更为完整的探讨），康韦给出了一个位置的例子，其左方恰好领先 5/64 步！

有些游戏位置的值根本就不是数。最简单的例子可用十字塞砖棋中的这样的区域来说明：

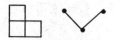

左方和右方都只有开局的一步可走,因此先手的一方就会胜出,而无论他是左方还是右方。由于每位玩家都可以把这个值降低到0,因此这个位置的值就是{0|0}。这不是一个数。康韦用符号*来表示它,并称之为"星"。另一个例子是一种尼姆堆,其中只包含单独的一个筹码。这是最简单的"模糊"游戏。模糊值对应于那些任一方玩家如果先出手就会胜出的位置。

复合游戏的值就是那些组成它的游戏的值简单相加。这一陈述也适用于被分成一组子游戏来对弈的正在进行的一个游戏中某一个状态的值。例如,图4.2显示的是在一块标准国际象棋盘上进行的一局十字塞砖棋的一个状态。其中标明了各分离区域的值。这个状态看起来似乎非常均衡,但是这些区域相加

图4.2 会导致左方获胜的十字塞砖棋的一个状态

的和是 $1\frac{1}{4}$，这就意味着左方领先一又四分之一步，因此无论下一步轮到谁，左方都会获胜。如果要通过画出一整棵树来确定这一结果，那就会是一个冗长乏味的过程，而康韦的理论却能快速、自动地给出这一结果。

假设参赛双方都采取最佳策略，要直至知道了一个游戏的结果（即不管这场游戏的值是零、正值、负值还是模糊值），并且为胜券在握的玩家找到了一种致胜策略，才能认为这个游戏"解决了"。这一限制仅适用于那些必须有结果的游戏，然而这样的游戏可能会提供无限种选项，正如康韦所说的"我爸爸比你爸爸钱多"游戏那样。仅仅有两步，玩家交替说出一笔钱，说出最高额的一方获胜。康韦承认，虽然这个游戏的分叉树很复杂，但是结果却显然是第二位玩家获胜。

这些开局难道不都是没必要多说的吗？是的，但是它们提供了一种稳固的基础，康韦以此为基础，通过将那些新创造出来的游戏插回到他的左右方案中，从而仔细地构建起一座浩大而奇妙的宏伟建筑。我在这里不再继续就此讨论下去了，而是要描述几种不同寻常的游戏，康韦依照他的理论来对它们作了分析。在所有这些游戏中，我们都假定了这样的标准玩法：第一个无法下子的人为失败方。

1. 科尔游戏[Col，以其发明者弗特(Colin Vout)的名字命名]。在棕色纸上绘有一副地图。左方有黑色涂料，右方有白色涂料。他们交替为一个区域着色，限制条件是共享一条边界线段的区域不能具有同样的颜色。有用的做法是将与一片白色区域毗连的所有区域都视为染成了白色，而将与一片黑色区域毗连的所有区域都视为染成了黑色。一片区域如果得到两种颜色，那么它作为一片无法着色的区域，就从这地图中退出。

康韦用这幅地图的对偶图（见图4.3）来分析科尔游戏，其中定义了他所谓的"爆炸性结点"，并将它们用一些闪电来标注。当然，这个游戏可以用任意两

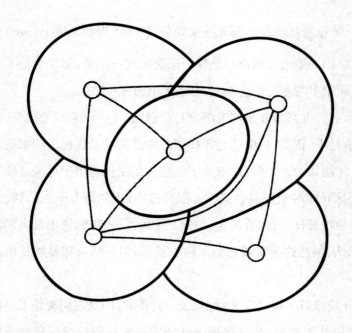

图4.3　一幅有五个区域的地图及其对偶图(后者用细线表示),用于玩科尔游戏或斯诺特游戏

种颜色的铅笔在白纸上玩。弗特曾报告,在所有拓扑不同的、具有一个区域至五个区域的连通地图所构成的集合中,有9种是先手获胜,还有21种是后手获胜。这个游戏尚未有一般的解答。

2. 斯诺特游戏[Snort,以诺顿(Simon Norton)的名字命名]。这种游戏与科尔游戏相同,只是相邻区域必须同色。它也还未解决。康韦猜测这种游戏具有一种比科尔游戏更为丰富的理论。他最有价值的提示是:假如有一片区域,它与每一片具有你的对手颜色的区域都毗连,而且你能将这片区域涂成你的颜色的话,那就那样做吧。此外,康韦还发现了一些基本定理,他将这些定理写在标题为《一部简明的斯诺特词典》的论文中。

3. 没有一美元银币的硬币游戏。棋盘是由若干方格构成的一根横放的长

条,向右延伸至任意长度(见图4.4A)。有几个一美分硬币随意放置在某些方格中(每一格中最多放一个),以提供初始位置。玩家交替将一枚硬币向左移动至任何一个空的方格。不允许跳跃。最终所有这些硬币都挤在左端,而无法再移动的一方就输了。

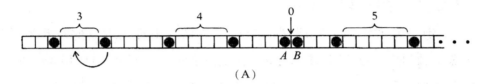

(A)

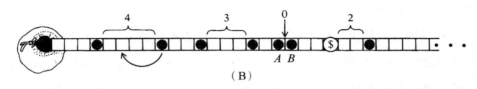

(B)

图4.4 (A) 没有一美元银币的硬币游戏;(B)有一美元银币的同一个游戏

这个游戏只不过是尼姆游戏的无穷多的变种之一[我假设读者熟悉尼姆游戏,并且知道如何确定制胜策略。如果不是这样的话,读者有许多书籍可以查阅,其中包括康韦的书,或者我的《科学美国人趣味数学集锦》(*Scientific American Book of Mathematical Puzzles & Diversions*, Simon and Schuster, 1959)一书]。与用筹码构成的尼姆堆(或尼姆行)相对应的是一分硬币之间的空方格,从最右端的空位开始,并且包含那些只交替出现的空位。在这幅插图中,尼姆堆用一些大括号和一个箭头来表示。这些堆是3、4、0和5,因此这个游戏就等价于用3枚、4枚和5枚筹码构成的行来玩尼姆游戏。

合理的玩法和尼姆游戏完全一样:通过移动来将尼姆堆之和减小到0,一场后手获胜的游戏。有一个很平常的差别是,这里一个堆的大小可以增加。不过,如果你获得了赛点,而你的对手走了这么一步,那么你就要立即移动紧挨着这堆右边的那枚硬币，从而将这一堆恢复到原来的大小。

如果在图示的这个位置时轮到你移动，那么如果你按照曲线箭头所指示的方式移动，你就肯定获胜了。如果你的对手作出的反应是将筹码A向左移动两个方格，那么这一举动就将这个空堆增大到2。你的回应是将B向左移动两个方格，从而将这个堆恢复到0。

4. 有一美元银币的硬币游戏。这与前一个游戏相同，只是这些硬币之一（任意一枚）是一美元银币，并且左端最远的方格处是一个钱袋（见图4.4B）。最左端的那枚硬币可以移入袋子。当那枚一美元银币入袋时，游戏就结束了，接下去那位玩家取走袋子获胜。

这种游戏同样也是尼姆游戏的一种变种。如果在袋子右边的那枚硬币是分币，就将它视为是空的，而如果右边那枚硬币是一美元，就将它视为是满的，然后就像之前那样玩尼姆游戏。如果你获得了赛点，你的对手就会被迫将那枚一美元落袋。假如认为将美元落袋的玩家是获胜方，那么如果在袋子右边的那枚硬币就是紧靠在美元左侧的那枚硬币，就将袋子视为是满的，反之则将它视为是空的。图中所示位置对应尼姆游戏4、3、0和2。在两种形式中，先手都只有按照曲线箭头所指示的方式移动才能获胜。

5. 圆圈游戏。这是以愉快方式来玩尼姆取子游戏的一种变化形式，其初始位置由两组或更多组点构成。下子方式是画一个简单的闭合圈，使其通过一组中的任意正整数个点。这个圈不得与其自身发生交叉，也不得越过与触及任何其他圈。图4.5中显示了一局游戏。

康韦证明，圆圈游戏与尼姆游戏相同，只是玩法中增加了一条规则：如果你愿意的话，可以允许你从一列的中间取子，从而取代原来的一列或多列而产生两个新列。尽管堆的数量可能增加，但获胜策略就是标准尼姆游戏策略。如果每个圈都局限于一个点或两个点，那么这个游戏就等价于熟悉的凯尔斯游

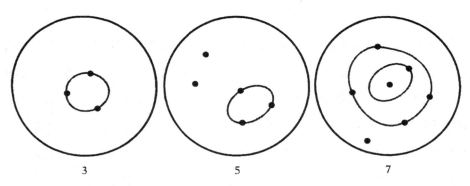

3　　　　　　　　　5　　　　　　　　　7

图4.5　圆圈游戏中的一个状态

戏［参见我的《歪招、月球鸟及数字命理学》(*Mathematical Carnival*, Knopf, 1975)一书中的第六章］。康韦称这个游戏为莱尔斯游戏。

　　6. 互素取子游戏和除数取子游戏。让我通过解释素数尼姆游戏来介绍这些游戏,素数尼姆游戏是一种康韦没有讨论过的、比较简单的游戏。大约20年前,香农[①]首先分析了这种游戏。素数尼姆游戏的玩法与尼姆游戏相同,只是玩家只能用素数去减小各堆,包括1也视为素数。香农(在一封私人信件中)写道:"这种游戏实际上有点像是一个数学戏法,因为初看起来,它似乎包含着深刻的素数加法性质。而事实上,其中仅仅涉及这样一条性质:第一个非素数的所有倍数都是非素数。"

　　第一个非素数为4。因此制胜策略只需将每一堆都看成是它除以4的余数,然后用这些模4的数来实施标准尼姆游戏策略。如果不把1算作素数,那么在标准玩法中,策略就没那么简单了,而如在"赤贫"玩法中那样,策略如此复

---

　　① 香农(Claude Shannon,1916—2001)是美国数学家、电子工程师和密码学家,被誉为信息论的创始人,提出了网络传输中的基本定理之———香农定理。参见《天地有大美:现代科学之伟大方程》第六章,涂泓、吴俊译,冯承天译校,上海科技教育出版社2006年。——译者注

杂,以至于我相信它从未有过解答。

互素取子游戏是由崔特(Allan Tritter)提出的,要求玩家从每一堆中取出的数与这一堆的数互素。换言之,这两个数不可以相等,也不可以有除了1以外的其他公因数。除数取子游戏要求一位玩家从大小为 n 的一堆中取走的子数等于 n 的一个除数(包括1和 n 也都看成是除数)。康韦对这两种游戏及其变形都给出了解答,在这些变形中,在互素取子游戏中允许从值为1的一堆中取走1个,而在除数取子游戏中则不允许从值为 n 的一堆中取走 n 个。

7. 切蛋糕游戏。这是康韦发明的一种新的有偏祖游戏。它是用一组长方形蛋糕来玩的,每块蛋糕都像华夫饼干那样刻成一个个单位正方形。左方的出招方式是将一块蛋糕沿着任意一条水平格线一切为二,右方的则是将一块蛋糕沿着任意一条竖直格线这样做。这种游戏有着惊人简单的理论。

图4.6中显示了一块4×7的蛋糕。用康韦的标记法来表示,它的值为0,这就意味着无论谁先出招,都是第二位玩家获胜。看起来似乎竖直切的那位玩家开局招数是其对手的两倍,因此会占据优势,但如果他先出招的话,就并非如此。假设竖直切的那位玩家先出招,并且沿着箭头所指示的那条线切。第二位

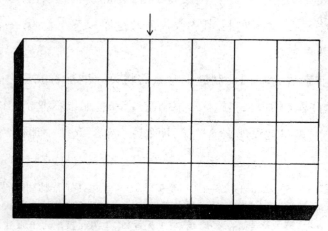

图4.6 切蛋糕游戏的一种形式,其中第一招是在箭头处竖直切

玩家要获胜应如何应对？

我所给出的，是康韦那些奇异术语中的仅仅少数几个例子。游戏可以是简短的、小型的、全小的、平淡的、难以控制的、令人焦躁不安的、富有猜度意味的、竞争激烈而不需多思考的和看似平静而需多思考的。有上品、下品、远星，半星和超星。有具有像 On、No、Ug 和 Oz 这样名称的原子量和原子集。康韦有一种温度理论，其中热图上的那些热的位置，通过向它们浇冷水使之冷却。他对于小世界有一条马赫原理：一种简短的、全小的游戏，当且仅当该游戏超越那些远星的时候，它的原子量至少为1！

康韦的定理99传送出了此书稀奇古怪风味的一点奇思异想。它告诉我们（我进行了改述，以去除一处微小的差错，康韦因发现这处差错太晚而未来得及纠正）：任何一种原子量为零的、简短的、全小的游戏都是由某颗超星支配的。康韦又补充，有一种不完整的感觉，促使他给出了一条最后的定理。定理100是："这是本书的最后一条定理。"

补　遗

自从本章最初在1976年作为《科学美国人》的一个专栏刊登以来，康韦还撰写了其他一些书籍和论文，此外还出现了一些讲述康韦的文章。尤其值得注意的是两卷本的《稳操胜券》（*Winning Ways*）[①]，此书是他与伯莱坎（Elwyn Berlekamp）和盖伊（Richard Guy）合作撰写的。这本书早已成为趣味数学的一本经典著作，并且对博弈论和组合学都作出了重要的学术贡献。关于康韦在彭罗斯铺陈方面的工作，请参见你现在手持的这本书的第一章和第二章。关于他在散在群和纽结理论方面的工作，请分别参见我1980年6月和1983年9月为《科学

---

① 此书中译本由上海教育出版社翻译出版，译者谈祥柏。——译者注

美国人》所写的专栏文章。1987年,康韦离开剑桥,接受了普林斯顿大学的教授职位。

1976年9月在迈阿密大学召开的趣味数学大会上,康韦阐述了他的那些游戏理论。他的演讲以《游戏理论大全》(*A Gamut of Game Theories*)为题刊载在《数学杂志》(*Mathematics Magazine*)上,其结尾如下:

这些理论可以应用于成百上千种游戏——这些真正可爱的小东西,你可以不断、不断、不断地发明出更多。当你发现一种早已有人考虑过、却可能未曾取得多大进展的游戏时,你会欢欣尤甚。于是你发现自己可以只要利用这些自然而然的理论之一,算出某个东西的值,然后就可以说道:"啊!右方领先47/64步,因此她获胜。"

问题是在切蛋糕游戏中,对于第一位玩家出的招,找到致胜的应对方式。这块蛋糕是一个4×7的矩形。如果第一位玩家将蛋糕竖直地切成一个4×4的正方形和一个4×3的矩形,那么唯一能够致胜的应对方式就是将4×3的那一片切成两个2×3的矩形。

第  章

从空当接龙和其他
一些问题回来

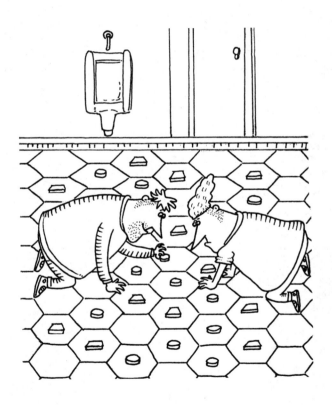

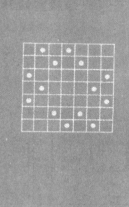

随着关于组合学的各种书籍和文章持续激增，数学中的"组合革命"仍然方兴未艾。计算机有能力分析那些过于复杂而无法以任何其他方式加以处理的组合问题，因此当然对这场革命作出了贡献。还有另一种策动力是，组合论越来越多地应用于科学和技术，尤其是在粒子物理和分子生物学方面。在大尺度上，宇宙也许是要用微积分来处理的一批连续体，然而在微观层次上，却是混乱的一团离散元素，它们有着种种神秘的跃变和奇异的组合性质。在某些现代理论中，甚至时间和空间也是量子化的。

数以百计耐人寻味的关于组合方面的谜题，其中有些是旧的，有些是新的，它们如今都在引起那些严肃的数学家们的注意。我们首先应来看一下劳埃德①设计的一道逗趣的有奖谜题，这道题目最近被一个计算机程序"废了"，或者说是失去了价值。随后是几道组合学题目，眼下还看不到它们的一般性解答，但是在其较低层次上提出了一些充满挑战性的任务。

美国有史以来出版过的最伟大的谜题书籍是一本大部头书，用浅绿色布面装订，封面上写的是《劳埃德的谜题、戏法及难题大全：5000题及其答案》（*Loyd's Cyclopedia of 5000 Puzzles, Tricks and Conundrums, with Answers*）（简称

---

① 劳埃德(Sam Loyd，1841—1911)，美国智力游戏设计师、趣味数学家。——译者注

《大全》)。书脊上标出了售价 5 美元,但在今天你要是能找到一本售价低于 25 美元的印行本,就算走运了。关于此书的出版历史,我们几乎一无所知。尽管书中有着丰富的插图,但是画它们的好几位画家却无一被辨识出来。不同版本要么带有晨边出版社(Morningside Press)的版权标记,要么带有羔羊出版公司(Lamb Publishing Company)的版权标记,两者都是纽约的出版社,但没人知道哪一版在先。

所有版本的标注日期都是 1914 年。由于这时劳埃德已去世三年了,因此当时普遍猜想是他的儿子,以他父亲的名义从早先的报纸和杂志中选取了这些谜题,并匆忙地将它们拼凑成一本鸿篇巨著(此书中充斥着各种疏漏、差错和排版错误)。后来人们发现,老劳埃德曾编辑和出版过一本名为《我们的谜题杂志》(Our Puzzle Magazine)的季刊,其始创时间为 1907 年 6 月。这一杂志的印行本如今已极其罕见。《大全》只不过是将这本杂志不加修改地整版重印而已。

图 5.1 中显示了劳埃德的谜题"从空当接龙回来",此题出现在他这本杂志的第二期(1907 年 10 月)上,并重印于《大全》的第 106 页。劳埃德把此题称之为"有奖谜题",不知道是因为当时向该杂志的读者们悬赏求其解答,还是因为其更早时候曾是一道竞赛谜题。

劳埃德说道:"从位于中心的那颗心开始,然后向着东、南、西、北,以及斜对角(或者像女士们所说的那样,向东北、西北、东南、西南)这八个方向中的任意一个方向沿直线走三步。当你沿着一根直线走出三步以后,你就会走到上面标有一个数字的方格,这个数字指示了第二天的行程,即向着八个方向中的任一方向,沿直线前进该数字所表示的步数。当你到达新的点后,再次根据标示的数字行进,如此继续下去,每次都遵循所到达的数字所给出的要求,直至你碰到一个方格,其中的数字会带你刚好越界一步,此时就认为你已脱离了困境,并可以喊出你所想要的一切,因为那时你已经解出了这道谜题。"

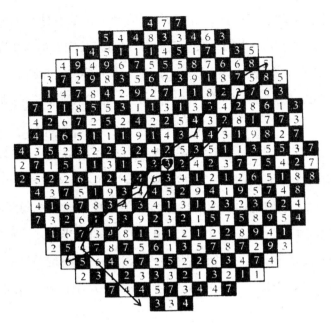

图5.1　劳埃德为他的空当接龙谜题给出的答案

劳埃德的诡诈解答方法在图中用弯曲的黑线表示。这条路径只是简单地沿着一条主对角线上下穿梭,直至到达一个数字为止,从这个数字就有可能实现劳埃德在他的解答中所称的"取道东南通往自由的大胆出击!"劳埃德声称,这种解答是独一无二的。"没能掌握它的那些人很容易发现,只要在这场游戏中的任何阶段有一步行差错落,就会被扔进一个没有出口的漩涡。"

然而,这位老法师错了!1976年初,华盛顿大学①的社会学专业研究生佩内洛普·格林(Penelope J. Greene)、经济学专业研究生米契尔(R. Duncan Mitchell)和芝加哥罗斯福大学科学教师贺拉斯·格林(Horace A. Greene)对此题展开了联合进攻,他们采用的是米契尔编写的一个Fortran程序。在几秒钟的时间

① 华盛顿大学是位于美国华盛顿州西雅图的一所公立大学,创建于1861年,又称为西雅图华盛顿大学,以区别于圣路易斯华盛顿大学。——译者注

内，这个程序就发现了劳埃德的解答，并同时激增了数百种其他解答方法。事实上，人们可以朝着8个方向中的任意一个方向离开中心的3并逃出困境。图5.2所示的，就是一条替代的路径的开始几步。所有其他路径最终也都通往4，这是那条对角线上的关键性的一个环节，由此，按劳埃德的解答那样，就可完成该路径。

这三位程序设计者注意到，关于这些备选答案，存在着一些不同寻常的事情。有且仅有一个单元格（并不是劳埃德解答中的一个环节）是所有可供替代的路径所共有的。他们把这个单元格称为"棘手的2"（插图中用圆圈圈出）。这有可能是艺术家的无心之失吗？看起来很有可能，因为当这几位程序设计者用其他数字来取代2时，计算机只发现了一个能消除一切备选路径的非零数字。

这是我为读者们提供的一项愉快的任务——这项任务确实非常容易。请

图5.2 一条通过"棘手的2"的备选路径

通过将这个棘手的2变换成仅有的一个非零数字,使劳埃德的解答恢复唯一性,从而纠正劳埃德的这道空当接龙谜题。我们在将劳埃德的解答称为唯一时,并不考虑那些虚耗的"旁岔行程",即我们离开一个单元格,不料要在继续行进前再次回到这个单元格,或者我们在可以直接从A行进到B的时候,却离开A后走了一段旁岔行程再到B。

中国跳棋从1920年代以来风靡世界,但其起源不明。显然在美国它最初是以这个商品名称投放市场的。它既与中国毫无联系,与西洋跳棋也几无相似之处,但这个名称却沿用了下来。

中国跳棋的标准棋盘如图5.3中所示。棋盘上的洞都编了号,以方便记录移动步骤,并且添加了边界以勾画出所有较小尺寸星形棋盘的轮廓。如果是两人对局,那么将10粒同一颜色的弹珠放置在由1号至10号洞构成的三角形"区域"中,另一种颜色的10粒弹珠放置在112号至121号洞。其对弈规则类似于正方跳棋(Halma[1],参见我的《车轮、生命和其他数学消遣》中的第十一章),后者是一种很流行的英国游戏,有可能使人联想到它会不会是中国跳棋所呈现的变异形式。

对弈中允许两种走法。"走动一步"是朝着六个方向中的任意一个方向,移动到毗邻的一个未被占据的洞中;"跳跃一步"是越过一颗毗邻的弹珠,同样是朝着六个方向中的任意一个方向,移动到其另一边的一个未被占据的洞中。这一跳跃和西洋跳棋中相同,只是被跳过的那颗弹珠不被移除,并且既可以跳过自己的弹珠,也可以跳过对方的弹珠。只要有可能,一颗弹珠可以连续跳跃,这一连串跳跃可以在任一点上停跳。跳跃从来都不是强制性的。走动和跳动不允

---

① 正方跳棋(Halma)与西洋跳棋的移动方式相同,每次只能移动一枚棋子:跳过别人的棋子或移动到旁边的方格。它是中国跳棋的前身,可以二人或四人对弈,棋盘形状为16×16的正方形组成256个棋格,目的是以最少的移动数目把自己的棋子跳到对角,最快跳到对角的玩家获胜。——译者注

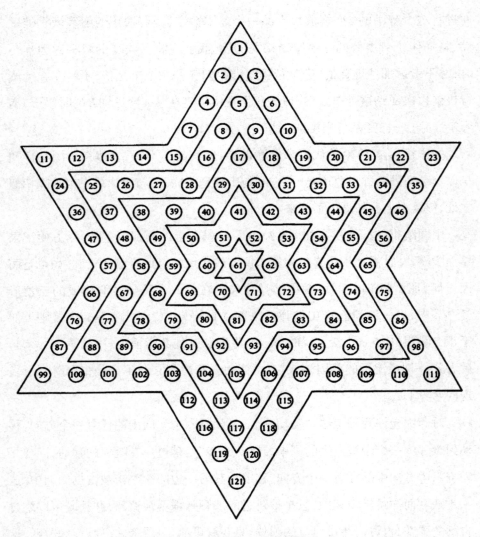

图5.3 中国跳棋的多种棋盘

许合在一起进行。首先占据其对手初始场区中所有的洞的那一方为胜利者。

这个游戏显然在退化到只有一个洞的最小的"星"时不具有可玩性。在大一号的星形上，每位玩家都有一颗弹珠，并且这场游戏是先走的一方胜得平淡

无奇。随着棋盘的尺寸增至每边有三颗弹珠时,其复杂性的程度就极大地提高了。此时我认为哪一方胜券在握并非可知。

在这个星形上,这局游戏相当令人愉快。为了避免游戏一方通过将一颗弹珠永久保留在其后院而强制和棋,因此必须另外再增加一条规则:如果一颗棋子能够跳过一颗敌方棋子而离开它的场区,它就必须这么做。一旦它出了自己的场区,就不可以再返回,不过允许它在一连串跳跃过程中穿越场区。

让我们在每个星形棋盘上考虑以下这道单人跳棋题目。将一种颜色的弹珠放置在最下方的场区中。要将它们全部转移到最上方的场区中,最少需要移动几步(一连串连续跳跃仅计为移动一步)?

这道题目在最小星形的情况下是毫无意义的,而在13个洞的星形情况①下也不值一提。对于由3颗弹珠构成一个场区的星形,移动11步就能做到。例如:92-81, 81-71, 105-82-61, 61-52, 93-82, 82-61-42, 42-30, 71-61, 61-42-17, 52-41, 41-29。

对于六颗弹珠构成一个场区的星形,我曾做到的最佳解是18步。从113-93开始,有许多方法都可以在9步内在第9、30、52、71、93、114号洞中放置弹珠而构建出一个竖直的"梯子"。再用九步,将先前的走法反过来,就将6颗弹珠放入最上方的场区中了。

现在来谈谈我们的主要问题:在一个标准中国跳棋棋盘上,要将10颗弹珠从一个场区转移到对角的场区中,最少需要移动几步?1961年,我首次从俄勒冈州立大学的化学工程教授列文斯皮尔(Octave Levenspiel)那里获悉了这道题目。他当时写道,31步是他的最好答案,然而他的母亲,"这位家里的解决谜题的能手、国际象棋和桥牌冠军",有一次曾用28步解答了这道题目,不过

① 这指的是由41、50、51、52、53、60、61、62、69、70、71、72、81构成的星形,此时要把81移到41。——译者注

她却没能把步骤记录下来。加拿大的一份关于魔术的期刊《同上》(*Ibidem*,现已停刊),在1969年8月刊登了一个"证明",表明最少是29步。随后在1971年,列文斯皮尔在设法重新走出他母亲的28步解答时,结果想不到发现了一个27步的惊人解答!俄勒冈州波特兰市的戴维斯(Harry O. Davis)相信,他证明了27是最少步数,不过这一命题尚未得到确认。

你能找到一种27步的解答吗?中国跳棋有时出售时所附的是一张更大的棋盘,每个场区中都有25颗弹珠。对于这样一张棋盘,我的文档中现存的最佳答案为35步,这是1974年台湾的杜敏文(Min-Wen Du)寄给我的。

在伦敦,1906年11月7日的一份《论坛报》(*Tribune*)上, 英国的"劳埃德"杜德尼(Henry Ernest Dudeney)发表了这样一道题目:将16个卒放置在一张国际象棋盘上,而使得在任意方向上没有任何三卒成一线(这道题目后来出现在他的《亨利·杜德尼的代数趣题》(*Amusements in Mathematics*)①一书中)。这里"线"的意思是指任意直线,而不仅仅是正交线或对角方向的斜线。这些卒代表各棋格中心处的点。这道题目后来被称为"无三点一线问题",自那时以来,其一般形式已成为多篇学术论文的论题。

仍然悬而未决的主要题目是要回答以下这个问题:在每边有 n 个棋格(n 大于1)的一个正方形国际象棋盘上,是否总是有可能放置 $2n$ 个筹码,从而使得没有任意三个成一线?古老的"鸽巢"原理证明不能超过 $2n$。因为没有任何一行或者一列能够容纳两个以上的筹码,又因为要放置 $2n$ 个筹码就需要每条正交直线上都有两个筹码,因此再多一个筹码的话就必定要在一行上放置三个筹码,同样在一列上也有了三个筹码。霍尔(R. R. Hall)、杰克逊(T. H. Jackson)、萨德伯里(A. Sudbery)和维尔德(K. Wild)1975年的论文作出了对一个不无价值的论点的证明:至少 n 个筹码总是可以放置的。对于大的棋盘,这些

---

① 此书中译本由上海科技教育出版社2015年出版,周水涛译。——译者注

作者证明可以放置的筹码个数相当接近于3*n*/2。

阿登纳(Michael A. Adena)、霍尔顿(Derek A. Holton)和凯利(Patrick A. Kelly)在1974年的论文中报告了一些计算机程序,这些程序发现了*n*从2至10的所有不同解。其中排除了旋转和翻转。这些解的数量分别是1、1、4、5 、11、22、57、51和156。图5.4中对*n*从2至10的每个值都各给出了一个例子。请注意*n* = 8阶时的解答所具有的令人惊异的简单性和对称性。

在这几位作者写上述论文的时候,*n* = 11的情况还不存在任何已知解答。他们对于*n* = 12的情况给出了一个解答,但是结果证明这个解答是错误的。他们没能注意到有两行三点一线。

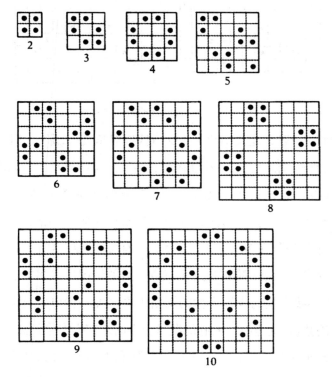

图5.4 对最大"无三点一线问题"的一些解答

　　$n=11$ 和 $n=12$ 的解答是 1975 年由英国肯特大学的克拉格斯(D. Craggs)和休斯–琼斯(R. Hughes-Jones)发现的,并于 1976 年发表。这两个解答如图 5.5 所示。克拉格斯和休斯–琼斯对于 $n=11$ 的情况找到了另外五种解答;对于 $n=12$ 的情况则找到了另外三种解答。n 取这两个值时的解答总数现在尚未求得,而且也还没有人为比 12 更高阶的正方形给出一个解答。盖伊和凯利在他们 1968 年的论文中给出了一些论据,支持他们的这样一种猜想:有 $2n$ 解答的阶数是有限的。不可能出现一个 $2n$ 解答的最小棋盘尚不可知。

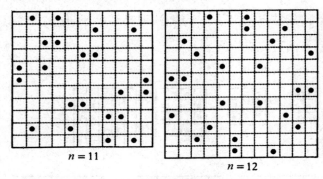

$n=11$　　　　　　　　$n=12$

图 5.5　对该题的近期的几种解答

　　如果我们把"线"的定义窄化为正交直线或对角直线,那么这道题目已得到了解答。最大值不可能大于 $2n$,并且在所有高于一阶的棋盘上,$2n$ 都是可能的。对于 n 大于 3 的情况,通过将经典的互不攻击后问题(即摆放 n 个后,使任意两个后都不能互相攻击的题目)的任意两个解答相互叠加,这道题目就得到解了。只要用将 $2n$ 个后摆放在 $2n$ 个棋格上,就总是有可能做到这一点。

　　不是去寻求在一个 n 阶棋盘上无三点一线的情况下最多能够摆放的筹码数量,而是去寻找在任何未被占据的棋格中再多加一颗筹码就会产生三点一线的最少筹码数量。这道引人入胜的题目至今尚未获得专家们的多大注意。

　　如果"线"取其最宽泛的意义——一根任意方向的直线,那么这道题目就很难了。图 5.6 中给出了 n 等于 3 至 10 的最少筹码数解答。筹码数序列为 4, 4,

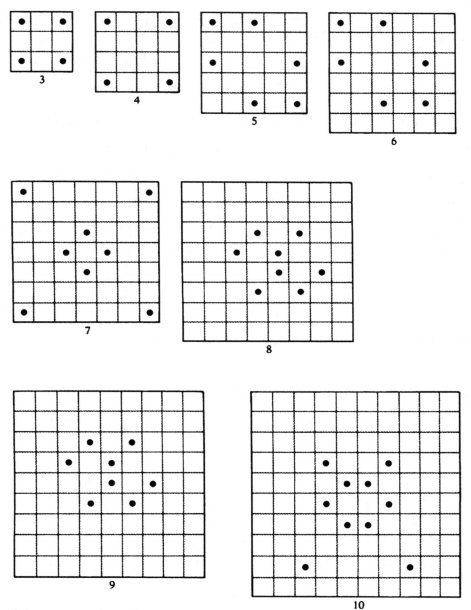

图5.6 最少筹码数问题的几种解答,其中的"线"为广义的定义

6, 6, 8, 8, 8, 10。其中最后三种模式是英国统计学家安利(Stephen Ainley)发现的,并收入了他的《数学谜题》(*Mathematical Puzzles*, G. Bell and Sons, 1977)一书。10阶的模式也完全适用于11阶的情况。安利还为12阶、13阶和14阶的情况找到了12个筹码的解答。

如果将"线"局限于正交线和对角方向的斜线,那么这道题目也尚未得到解答。换言之,在一个边长为n的棋盘上,要做到无法再增加任何一枚卒,否则就会构成三子一行、一列或一斜线,该棋盘上最少要放置几枚卒?看待这道题目的另一种方式是将它看成一局游戏,两位玩家交替将一枚筹码放置在一个正方形棋盘上,直至一位玩家不得不在一条正交线或对角方向的斜线上构成三子一线,他就输了。这样一场游戏可以有多短? 在《技术评论》(*Technology Review*)1967年6月那一期上,戈特利布(Allan J. Gottlieb)的那个绝妙的"谜题角"中出现了一道8阶棋盘上的谜题,征求解答。就我所知,这是仅有的公开发表的此类题目。

图5.6中所显示的3阶至7阶的解答,对于狭义定义的"线",最少筹码数问题的解答也同样是这些。8阶、9阶和10阶情况下的最小解答则如图5.7所示。其中最后一种模式也解答了11阶和12阶的情况。这些绝非唯一模式。$n=8$的情

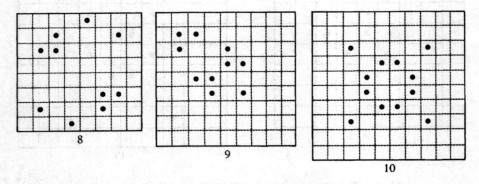

图5.7 最少筹码数问题的几种解答,其中的"线"为狭义的定义

况有几十种解答,其中许多都具有两侧对称性,其他的则具有180°旋转对称性。如果10是最小值,那么90°旋转对称就被排除了,因为10不能被4整除。

补 遗

有许多读者指出,劳埃德对他的空当接龙谜题所给出的解答,还有另一种替代方法来走最后一步,结果也具有相同的长度:向西北方向的"大胆出击"也通往自由。班尼特(Harold F. Bennett)提醒我,他曾在1966年给我写信说,通过采用一种巧妙的手工操纵的技巧,他发现了许多种替代解答。我将他的信件归档,后来就忘记了。史密斯(Maxim G. Smith)也寄来过一种极好的方法,可以在不依靠计算机的情况下找到其他一些路径。

所有的替代路径最终都抵达一个从中心处一步就可以抵达的、标注为4的单元格。由此得出的结论是,劳埃德的解答是最短的。或许劳埃德在说自己的解答独一无二时,就考虑到了这一点。

肖兹(Will Shortz)是《游戏》(Games)杂志的一位资深编辑,他在《纽约杂志与广告》(New York Journal and Advertiser)1898年4月24日的那一期上找到了首次公开发表的空当接龙谜题,当时它占据了整个版面。其中有两个单元格中标注的数字不同于劳埃德在《大全》版本中的标注。在第七行中,从左边数的第十个数字是2,而在第九行中的第六个数字是8。这本杂志出价10美元悬赏"在两个星期内收到的最佳答案"。我们现在想当然地认为,其中的"最佳"意味着最短。劳埃德在他的答案(5月15日)中说,已收到10 000封来信,不过"几乎没有哪个聪明的探路者发现那条17步的捷径。"

对于劳埃德而言,可惜的是,他忽略了上文提及的那个标号为8的单元格造成的后果。新泽西州平原镇的一位"考勒先生"(Mr. Cauler)赢得了这笔奖金,他只用了五次走步:3步向南、1步向西北、4步向西北、1步向东和8步向北。为了排除这一解答,劳埃德后来将这个8改成了1。我不知道他为什么将另一个棋格由2改成了3。也许是2仍然允许出现另一个计划之外的解答。

沃尔特斯(Virginia F. Walters)、列文斯皮尔和雷诺兹(M. Reynolds)夫人将在4阶中国跳棋盘上转移6枚弹珠的纪录由18步降到了17步。如果你是用一个标准尺寸的棋盘来玩这个游戏的话,那么自然是不允许你使用较小棋盘边界之外的那些洞的。

这道"无三点一线问题"引致了潮水般的来信。许多读者都误解了题目的意思,忽视了命题中所陈述的"线"并不仅局限于行、列或对角方向的斜线。而在那些理解题意的人之中,则有些人获得了重大的进展。

拜菲尔德(Richard Byfield)、雅各布森(Richard Jacobson)、德兰珀(Anne De Lamper)和范克兰皮特(Robert Van Clampitt)对13阶问题各自用手算方式发现了一种解答。迈耶鲁斯(Michael Meierruth)编写了一个非穷举式计算机程序,结果得到了13阶问题的29种解答和15阶问题的一种解答。后来他又发现了14阶问题的一种解答和16阶问题的4种解答。雅明(Eric Jamin)用手算方式找到了14阶问题的4种解答和16阶问题的一种解答。图5.8给出了13、14和16阶问题的样本图形,以及15阶问题的唯一已知图形。

现在已知的解答一直延伸到32阶。有关这道题目的讨论,以及一些有趣的推测和参考书目,请参见盖伊的《数论中未解决的问题》(*Unsolved Problems in Number Theory*)一书中编号为F4的那道题目。

在后的行走路线的最小无三点一线问题中,令 n 为正方形的阶数, p 为最少筹码数。哈里斯(John Harris)可以证明, p 的最小值为 n ,除非当 $n=3$ (模4)的时候,在这种情况下 p 可能等于 $n-1$。 p 可以是奇数吗?就我所知,这个问题尚未得到解答。

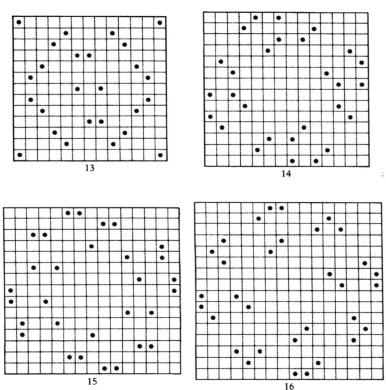

图5.8　最大无三点一线问题的几种新解答

"我注意到没有任何三片云是彼此相似的"

如果将"棘手的2"更改为1,那么劳埃德对他的空当接龙谜题的解答就是独一无二的。很容易证明,如果在这个棋格中放置任何其他非零数,都会提供一条备选的逃生路径。数字4、5、6、8、9都直接给出逃生出路,3提供了西南方向的两步逃生,而7则提供了正西方向的两步逃生。

在一个中国跳棋棋盘上,走下列27步可将10颗弹珠转移到对方场区:

1. 115–106

2. 120–115–93

3. 116–105–82

4. 82–72

5. 118–105–82–63

6. 121–116–105–82

7. 114–94–71–73–53

8. 53–42

9. 112–114–94–71–73–53–30

10. 119–114–94–71–73–53

11. 106–81–83–62–43–41–18

12. 18–9

13. 113–114

14. 117–106–81–83–62–43–41–18–5

15. 9–8

16. 114–106

17. 106–81–83–62–43–41–18

18. 72–54–52–31–9–2

19. 93–72–54–52–31–9–7

20. 82–72

21. 72–54–52–31–9

22. 42–17–6–4–1

23. 63–42–17–6

24. 53–42

25. 42–17–4

26. 30–10–3

27. 18–10

这个解答是回文式的：在图5.3中，后面一半是前一半的镜像①。

---

① 顺读倒读都一样的词组或句子称为回文式的，本书第六、七章会涉及很多回文方面的内容。图5.3中，115–106的镜像就是10–18，120–115–93的镜像就是3–10–30，等等。——译者注

第 6 章

潜在文学工坊

Rhodes roams leads to all?
Roads lead all to Rome,
Lead all Rhodes to Rome.
Rome-roads lead to all?
All roam roads to Leeds!
Rome rode all to Leeds.

《芬尼根的守灵夜》①直至今天仍然是一个鹤立鸡群的范例,表明了严肃文学的意念是能与离谱的文字游戏结合在一起的。另外一些值得注意的例子是卡明斯②的古怪的版式样式、格特鲁德·斯泰因③的荒诞不经的诗句,以及纳博科夫④的小说中恒常存在的文字游戏。

在过去的十五年中,最为精巧而逗趣的文学作品中的文字游戏,是由一个异想天开的、略带疯狂的法国群体创作出来的,这个群体被称为"潜在文学工坊"。这个名称来源于法语"Ouvroir de littérature potentielle",缩写为Oulipo。尽管本章的主要内容是关于潜在文学工坊的,不过我也会频繁地离题,去引用那些具有可比性的、用英文写作的专家们的著作。

以下所述的大部分内容都来源于下列三种原始资料:(1)《潜在文学(创

①《芬尼根的守灵夜》(*Finnegans Wake*)是爱尔兰作家乔伊斯(James Joyce, 1882—1941)的最后一部长篇小说,文中充满了各种文字游戏。——译者注

② 卡明斯(E. E. Cummings, 1894—1962),美国诗人、画家、评论家、作家和剧作家,他发表的诗歌在署名时总是用小写的"e. e. cummings"。他在诗中自己创造词汇,并改变语法、词性等。——译者注

③ 斯泰因(Gertrude Stein, 1874—1946),美国女作家、诗人,后半生一直旅居法国。——译者注

④ 纳博科夫(Vladimir Vladimirovich Nabokov, 1899—1977),俄裔美国作家、文体家、批评家、翻译家、诗人、教授以及鳞翅目昆虫学家。——译者注

作、重新创作、消遣)》[*La Littérature Potentielle*(*Créations Re-créations Récreations*)],这是潜在文学工坊出版的一本平装书[伽利玛出版社(Éditions Gallimard), 1973];(2)潜在文学工坊的唯一美国成员马修斯(Harry Mathews)所撰写的关于潜在文学工坊的一篇绝妙文章,这篇文章出现在《遣词之道》(*Word Ways*)上,这是一本关于休闲语言学的季刊,其编辑和出版者是埃克勒(A. Ross Eckler),可以从以下通讯地址获取:Eckler, SpringValley Road, Morristown, NJ 07960;(3)与马修斯的通信,他部分时间居住在巴黎。

潜在文学工坊是1960年由两位才华横溢的法国人创立的:勒利奥内[①]和已故的格诺[②]。勒利奥内是一位数学家,撰写过许多书籍,其中包括6本讨论国际象棋的书。格诺于1976年去世,享年73岁,曾是法国最具影响力的作家之一。他最为人们所熟知的是1959年的小说《莎西在地铁》(*Zazie dans le Métro*),内容是一位11岁的可爱的巴黎少女的冒险经历。[这部小说被马勒(Louis Malle)改编成了一部广受欢迎的电影。]格诺的另一部众所周知的著作是《风格的练习》(*Exercises in Style*),其内容的是一件微不足道的事情——公共汽车上的一个男人遭到了推搡,后来他与一位朋友谈论在他的大衣上加一粒纽扣。该书以99种不同的风格讲述这一事件,其中有一种是完全用儿童黑话[③]写成的。格诺在其青年时代学的是数学。这始终是他的一大兴趣,渗透在他的小说、诗歌和评论之中。另一位在数学方面学识渊博、并有玩文字游戏癖好的作家厄普代克(John Updike)对他的著作有过一个很好的描述,请参见厄普代克的《拥抱海岸》(*Hugging the Shore*)一书的第398—409页。

---

① 勒利奥内(François Le Lionnais, 1901—1984),法国化学工程师和作家。——译者注
② 格诺(Raymond Queneau, 1903—1976),法国诗人、小说家。——译者注
③ 儿童黑话(pig Latin)的字面意思是"猪拉丁语",是一种英语语言游戏,其形式是将辅音字母开头的单词的首字母移到词尾,再加上"ay",元音字母开头的单词则直接加"ay",此外还可以有一些变化的规则。——译者注

潜在文学工坊的其他法国成员，按照字母排序还有：阿尔诺（Noël Arnaud）、贝纳布（Marcel Bénabou）、本斯（Jacques Bens）、贝尔格（Claude Berge）、布拉福特（Paul Braffort）、杜夏托（Jacques Duchâteau）、埃蒂安（Luc Étienne）、福尔内尔（Paul Fournel）、莱斯古尔（Jean Lescure）、梅塔耶（Michèle Métail，这个群体中唯一的女性）、佩雷克（Georges Perec）、奎瓦尔（Jean Queval）和鲁博（Jacques Roubaud）。异国成员为：布莱维尔（Andre Blavier，比利时）、卡尔维诺（Italo Calvino，意大利）和马修斯。所有成员都是数学家或作家，或兼具两种身份。

马修斯1930年出生在纽约市。他于1952年毕业于哈佛学院[①]，取得音乐学位，此后便一直生活在欧洲。除了撰写诗歌书籍之外，他还写了三部狂野而有趣的小说：《对话》（*The Conversions*，Random House，1962）、《*Tlooth*》（Doubleday，1966）和《奥德拉德克体育场的沉没以及其他一些小说》（*The Sinking of the Odradek Stadium and Other Novels*，Harper & Row，1975）。其中的"其他一些小说"，则是两篇早先作品的重印。这三本书全都充满了类似潜在文学工坊式的文字游戏，尤其值得注意的是在《*Tlooth*》一书中有一个四页的场景，其中的色情描写由于用渐次增强的组合复杂度进行了连续的首音互换[②]而变得晦涩不清了。

《*Tlooth*》是一部以江湖客为题材的、忧郁的、亵渎神明的、具有黑色幽默的故事。阿朗（Nephthys Mary Allant）是西伯利亚杰克森格勒劳改营的浸礼会棒球队双性接球手。我们直到小说结尾前10页处才得知她的名字和性别（读者直到《对话》的最后结束，才发现叙述者是黑白混血儿）。玛丽原本是一位小提

---

① 哈佛学院是哈佛大学唯一的本科生学院，隶属于哈佛大学文理学院。——译者注

② 首音互换（spoonerism），也译为首音误置或斯普纳现象，原指将英文词汇中的两个字词之起首元音、辅音或语素调换之现象，由斯普纳（William Archibald Spooner，1844—1930）创造而得名。——译者注

琴手,直到她从前的一位朋友、外科医生伊芙琳·洛克(Evelyn Roak)毫无必要地截去了她左手的两根手指。洛克医生也是这所劳改营的一名囚犯,她是由于将截下的肢体卖给熟食店而被送进那里的。她效力于一支有竞争力的球队。玛丽试图杀死她,但没有成功。玛丽手指残余部分发生了感染,使她无法从事牙医职业,而这是她受训时的专业。

伊芙琳从劳改营被释放出去,后来玛丽越狱。在漂泊流浪亚洲和欧洲各地寻找伊芙琳之后,玛丽(此时她的感染已用土方治愈了)在法国里昂市附近开设了一家牙科诊所。伊芙琳作为一名患者露面了,玛丽的指骨就悬挂在她的吊坠手链上。玛丽打算在诊疗椅上把她干掉,但是伊芙琳的牙龈表明她即将死于天花。玛丽给她敷了药,然后送别她"去往她的星球"。

这本书的标题是一个神秘莫测的单词。玛丽在晚祷时将她的光腿伸入淤泥68秒,然后快速撤回,在她完成了这一宗教仪式后,一片神谕般的沼泽中的温暖泥浆发出喘息似的声音:tlooth。这个词隐含着"牙齿"(Tooth)、"真相"(Truth)和图卢兹-洛特雷克①。有一位评论家说道,阅读此书"就好像坐着一辆碰碰车穿过一部词典,其中的释义全都是颠三倒四的。"

马修斯目前正在撰写他的第四部小说,这部小说是基于潜在文学工坊所称的"马修斯算法"。在这个算法中,一部作品的各种元素以两种方式循环地换位,从而构成两个矩阵,然后一个矩阵的各列自上而下,另一个矩阵的各列自下而上,以此方式阅读。这些元素可以是字母、单词、句子、段落、章节、理念——或者你喜欢的任何东西。可惜的是,在英文作品中并无好的范例。

马修斯第一次给《遣词之道》投的稿是一张清单,其中列出了法语和英语中拼写方式相同但意思截然不同的那些单词。编制这本短小的《全等法英语》

① 图卢兹-洛特雷克(Toulouse-Lautrec,1864—1901),法国后印象派画家、近代海报设计家与石版画艺术先驱,书名 Tlooth 与 Toulouse 读音相近。——译者注

（*L'Égal Franglais*）词典，是为了帮助潜在文学工坊的成员们创作含糊不定的英法语文本。马修斯的清单本意并非要详尽无遗，如果你想要体验一下那些在英语中是一种意思而在法语中又是另一种意思的句子，那么图6.1中就给你展示了这整张清单。

潜在文学工坊的第一次公开宣言，是格诺的《百万亿首诗》（*Cent Mille Milliards de Poémes*），由伽利玛出版社出版，格诺是该出版社的资深编辑。这本书由作为基础的10首十四行诗构成，每首诗都印在右手边的页面上，而页面则被裁剪成14条（每一条上是十四行诗的一行）。通过将这些纸条向左右翻折，读者就可以得到10^{14}（一百万亿）首十四行诗，这些诗全都结构工整并且言之成理［给孩子们看的那些带有机关的书采用了同样的设计版式，以产生动物或人的各部分的图形组合，有时候还可胡乱拼凑竖直印刷的名称的音节，以得到象马（elepotamus）①和袋狒（kangaboon）②这样的怪异野兽。］翻阅这些纸条，你就可能读到一首（很可能）以前没有任何人曾经读过、以后也不会有任何人再会读到的十四行诗。

避讳某字的漏字文是一种古老的文字游戏，即一句句子或一篇较长的作品中略去字母表中的一个或多个字母。英语中最重要的样本是《盖兹比》（*Gadsby*），这部小说的作者是莱特（Ernest Vincent Wright），1939年在洛杉矶出版。全书一个*e*都没有，而*e*在英语和法语中都是最频繁出现的字母。

潜在文学工坊用漏字文进行的实验在佩雷克的小说《消失》（*La Disparition*）中达到了高潮，这部作品1969年由德诺埃尔新书简出版社（Denoël, Les Lettres Nouvelles）出版。在这本书中，*e*同样也是消失的字母。这部小说比《盖兹比》要长得多，也好得多。马修斯将它描述为一则"具有难以置信的精湛技巧的

---

① 由大象（elephant）和河马（hippopotamus）拼凑而成。——译者注

② 由袋鼠（kangaroon）和狒狒（baboon）拼凑而成。——译者注

a	cause	fat	lecture	palace	rude
ache	caution	fee	l'egal	pan	
ail	chair	fend	legs	pane	sale
allege	champ	fin	Lent	par	sang
amends	chat	fit	lice	pare	saucer
an	choir	fond	lie	pat	scare
ante	chose	font	l'imitation	pate	signet
appoint	coin	for	l'ion	pays	singe
are	collier	forage	lit	pester	son
as	comment	fore	l'izard	pet	sort
at one	con	fort	location	Peter	sot
attend	confection	four	loin	pie	spire
audit	corner	fur	longer	pied	stage
averse	cote		l'oser	pin	stance
axe	courtier	gale	love	pincer	store
	crane	gate		pine	sue
Bade	crisper	gave	ma	plains	suit
bail	cure	gaze	mail	plate	super
ballot		gene	main	plier	supplier
barber	dam	gent	mange	plies	
bard	D'ane	gourd	manger	plot	tale
baste	d'are	gout	mare	pour	tape
bat	d'art	grief	mariner	pries	tenant
be	defiance	grime	men	prone	the
beat	defile	groin	mien		these
bee	dent	guise	mince	rang	tiers
Ben	derive		mire	range	tin
bide	design	hair	miser	ranger	tine
bled	d'etain	hale	moult	rape	tint
blinder	dime	harder	mute	rate	tire
bond	dire	hate		rave	ton
bore	dive	have	n'est	rayon	toper
borne	don	here	net	rebut	tort
bout	don't	hurler	Nil	reel	tot
bribes	dot		noise	regain	tout
bride	dresser	if	n'ose	regal	tries
but	drill		n'ote	rein	
butter	d'un	jars		relent	van
	d'une		oil	rend	vent
can		labour	on	report	venue
cane	edit	lad	once	ride	verge
canner	emu	laid	or	ripe	verse
cap	engraver	l'air	ours	river	vie
car	enter	lame		robin	viol
carrier	entrain	l'ane	pain	rogue	
carter	ere	layer	pair	Roman	
case	fade	lecher	pal	rot	

图6.1 马修斯的《全等法英语》小词典

106

精心撰写的有趣故事"，这本书写得如此之好，以至于一些评论家根本没有注意到其中有任何奇特之处就对它大加赞赏！佩雷克考虑接下去再写另一部小说，其中唯一的元音字母只有 *e*。

佩雷克目前正在忙于写作一部名为《生命及其使用指南》(*La Vie, Mode d'Emploi*)①的小说，其基础之一是一个10阶希腊拉丁方②。伟大的欧拉③曾推测，这样的一个方阵是不可能存在的，但有人在1959年发现了一个，于是这个方阵就成了当年11月那一期的《科学美国人》的五彩缤纷的封面。尽管佩雷克是一位多产的法国作家，但是只有他的第一本书《物：一个六十年代的故事》(*Les Choses: Une Histoire des Années Soixante*)曾在美国出版。

佩雷克还创作了潜在文学工坊最长的回文。其内容是关于回文的，包含了5000多个字母，它的开头和结尾如下：

> *Trace l'inégal palindrome. Neige. Bagatelle, dira Hercule. Le brut repentir, cet écrit né Perec. L'arc lu pèse trop, lis à vice-versa. . . . Désire ce trépas rêvé: Ci va! S'il porte, Sépulcral, ce repentir, cet écrit ne perturbe le lucre: Haridelle, ta gabegie ne mord ni la plage ni l'écart.*

---

① 此书中译本由安徽文艺出版社翻译出版，译者丁雪英、连燕堂，译名为《人生拼版图》，此处仍按字面意思译出。——译者注

② 希腊拉丁方(Greco-Latin square)是由希腊字母和拉丁字母配对构成的方阵，方阵中的每个元素都有一个希腊字母和一个拉丁字母配对构成，每一行、每一列都不重复，并且每一个拉丁字母与每一个希腊字母只配对一次。以下分别为3阶、4阶、5阶的希腊拉丁方：

Aα	Bγ	Cβ
Bβ	Cα	Aγ
Cγ	Aβ	Bα

Aα	Bγ	Cδ	Dβ
Bβ	Aδ	Dγ	Cα
Cγ	Dα	Aβ	Bδ
Dδ	Cβ	Bα	Aγ

Aα	Bδ	Cβ	Dε	Eγ
Bβ	Cε	Dγ	Eα	Aδ
Cγ	Dα	Eδ	Aβ	Bε
Dδ	Eβ	Aε	Bγ	Cα
Eε	Aγ	Bα	Cδ	Dβ

——译者注

③ 欧拉(Leonhard Euler, 1707—1783)，瑞士数学家和物理学家，近代数学先驱之一，对微积分和图论等多个领域都作出过重大贡献。——译者注

马修斯将这段话翻译成英文如下：

Trace the unequal palindrome. Snow. A trifle, Hercules would say. Rough penitence, this writing born as Perec. The read arch is too heavy: read vice versa. . . . Desire this dreamed-of decease: Here goes! If he carries, entombed, this penitence, this writing will disturb no lucre: Old witch, your treachery will bite into neither the shore nor the space between. ①

最精于英语回文的作家（依我之见，他还是英格兰最好的谐趣诗作家）是林顿（J. A. Lindon）。《遣词之道》上刊登过他的多首回文诗，其他的则可以在伯格森（Howard W. Bergerson）的《回文和字谜》（*Palindromes and Anagrams*）中找到。图6.2展示了林顿在回文方面最出色的成就，是一篇关于夏娃的诱惑的对话。每一行都是一句以字母为单位的回文，标题也是如此。

潜在文学工坊有一则著名的算法被称为 S+7（表示"名词加7"），是由莱斯古尔发明的。用英语来表达，这则算法是 N + 7②。其方法是将一段熟悉的散文段落中的每个名词用一本规定词典中紧随在这个词后面的第七个名词来代替。N+7 是更具一般性的 $M\pm n$ 算法的一个特例，这里的 M 是任意类型的单词[法语"单词"（mot）的首字母]，n 是任意正整数。在文本中和那本词典中，像

---

① 这段话的意思是："追溯这条不合适的回文。雪。大力神赫拉克勒斯会说：一点小事。艰苦的赎罪，这些文字生如佩雷克。阅读的拱门太过沉重：反过来阅读……渴望这种梦想中的死亡：要开始了！假如他背负、被埋葬，那么这种赎罪、这些文字就不会扰乱任何钱财：老巫婆，你的背叛既不会刺入海岸，也不会刺入之间的空间。"——译者注

② "名词"在法语中是"substantif"，在英语中是"noun"，因此这条规则用其首字母分别表示为"S+7"和"N+7"。——译者注

"high school"这样不加连字符的合成词都忽略不用。例如,下面是《白鲸》①一书的前两句,我用《韦氏新大学词典》(*Webster's New Collegiate Dictionary*)按 *N*+7 更改为:

Call me islander. Some yeggs ago—never mind how long precisely—having little or no Mongol in my purulence, and nothing particular to interest me on shortbread, I thought I would sail about a little and see the watery partiality of the worriment.

In Eden, I

ADAM: Madam—
EVE: Oh, who—
ADAM: (No girl-rig on!)
EVE: Heh?
ADAM: Madam, I'm Adam.
EVE: Name of a foeman?
ADAM: O stone me! Not so.
EVE: Mad! A maid I am, Adam.
ADAM: Pure, eh? Called Ella? Cheer up.
EVE: Eve, not Ella. Brat-star ballet on? Eve.
ADAM: Eve?

---

① 《白鲸》(*Moby Dick*),标题的字面意思是"莫比·迪克",人民文学出版社、中国书籍出版社、上海译文出版社等都曾先后翻译出版过此书的中译本,各出版社的中文书名稍有不同。下面这段话的原文是:

"Call me Ishmael. Some years ago – never mind how long precisely – having little or no money in my purse, and nothing particular to interest me on shore, I thought I would sail about a little and see the watery part of the world."

意思是:

"叫我以实玛利吧。几年以前——不去管它准确地说是多久前——当时我的钱包里几乎没有钱,或者说一文不名,在岸上又没什么特别让我感兴趣的事情,于是我觉得自己可以去四处航行一番,见识一下这世界上由水构成的那一部分。"

其中的以实玛利(Ishmael)是《圣经·旧约》中的人物,遭遇坎坷。

这里用 *N*+7 更改后的意思变成了:

"叫我岛民吧。几个强盗以前——不去管它准确地说是多久前——当时我的脓里几乎没有蒙古人,或者说一个也没有,在奶油酥饼上又没什么特别让我感兴趣的事情,于是我觉得自己可以去四处航行一番,见识一下这愁闷事中由水构成的偏袒。"——译者注

EVE: Eve, maiden name. Both sad in Eden? I dash to be manned, I am Eve.

ADAM: Eve. Drowsy baby's word. Eve.

EVE: Mad! A gift. I fit fig, Adam . . .

ADAM: On, hostess? Ugh! Gussets? Oh, no!

EVE: ???

ADAM: Sleepy baby *peels*.

EVE: Wolf! Low!

ADAM: Wolf? Fun, so snuff "low."

EVE: Yes, low! Yes, nil on, no linsey-wolsey!

ADAM: Madam, I'm *Adam.*
  Named under a ban.
  A bared, nude man—

        Aha!

EVE: Mad Adam!

ADAM: Mmmmmmmm!

EVE: Mmmmmmmm!

ADAM: Even in Eden I win Eden in Eve.

EVE: Pure woman in Eden, I win Eden in—a mower-up!

ADAM: Mmmmmmmm!

EVE: Adam, I'm Ada!

ADAM: Miss, I'm Cain, a monomaniac. Miss, I'm—

EVE: No, son.

ADAM: Name's Abel, a male base man.

EVE: Name not so, O Stone man!

ADAM: Mad as it is it is Adam.

EVE: I'm a Madam Adam, am I?

ADAM: Eve?

EVE: Eve mine. Denied, a jade in Eden, I'm Eve.

ADAM: No fig. (Nor wrong if on!)

EVE: ???

ADAM: A daffodil I doff, Ada.

EVE: 'Tis a—what—ah, was it—

ADAM: Sun ever! A bare Venus . . .

EVE: 'S pity! So red, ungirt, rig-nude, rosy tips . . .

ADAM: Eve is a sieve!

EVE: Tut-tut!

ADAM: Now a see-saw on . . .

EVE: On me? (O poem!) No!

ADAM: Aha!

EVE: I won't! O not now, I—

ADAM: Aha!

EVE: NO! O God, I—(Fit if I do?) *Go on.*

ADAM: Hrrrrrrh!

EVE: Wow! Ow!

ADAM: Sores? (Alas, Eros!)

EVE: No, none. My hero! More hymen, on, on . . .

ADAM: Hrrrrrrrrrrrrrrrrrrrrrrrh!

EVE: Revolting is error. Resign it, lover.

ADAM: No, not now I won't. On, on . . .

EVE: Rise, sir.

ADAM: Dewy dale, cinema-game . . . Nice lady wed?
EVE: Marry an Ayr ram!
ADAM: Rail on, O liar!
EVE: Live devil!
ADAM: Diamond-eyed no-maid!
BOTH: Mmmmmmmmmmmmmmmmmmm!

图6.2　J.A.林顿的一篇回文对话①

① 这段对话的意思是：
在伊甸园中，我
亚当：女士——
夏娃：哦，谁？
亚当：(没穿少女服装！)
夏娃：嗨！
亚当：女士，我是亚当。
夏娃：一个敌人的名字吗？
亚当：哦，拿石头扔我！不要这样。
夏娃：愚蠢！我是一个少女，亚当。
亚当：纯洁的，嗯？名叫艾拉？高兴起来吧。
夏娃：夏娃，不是艾拉。布拉特之星的芭蕾舞剧在上演？夏娃。
亚当：夏娃？
夏娃：夏娃，少女的名字。在伊甸园里两人都很悲伤？我急着要有人让我振作起来，我是夏娃。
亚当：夏娃。昏昏欲睡的婴儿呓语。夏娃。
夏娃：愚蠢！一件礼物。我有无花果树叶蔽体，亚当……
亚当：穿上，女主人？啊！遮羞布？哦，不！
夏娃：???
亚当：昏昏欲睡的婴儿脱去衣服。
夏娃：色狼！下流！
亚当：色狼？有趣，如此嗅出了"下流"。
夏娃：是的，下流！是的，一丝不挂，连块麻布片都没有！
亚当：女士，我是亚当。

在一条禁令之下定名。
一个无衣蔽体的、赤裸的男人——
夏娃：愚蠢的亚当！
亚当：嗯……
夏娃：嗯……
亚当：即使在伊甸园中，我也在夏娃那里蔽下伊甸园。
夏娃：伊甸园中的纯洁女人，我在割草机那里赢下伊甸园。
亚当：嗯……
夏娃：亚当，我是艾达！
亚当：小姐，我是该隐，一个偏执狂。小姐，我是——
夏娃：不，男孩子。
亚当：名字是亚伯，一个男性的卑劣的人。
夏娃：名字并非如此，哦，石头一样的人！
亚当：正如说这是亚当一样愚蠢。
夏娃：我是一个女性亚当，是吗？
亚当：夏娃？
夏娃：夏娃是我的。不承认，伊甸园中的一块翡翠，我是夏娃。
亚当：没有无花果树叶。(遮上也不错！)
夏娃：???
亚当：我脱下一朵水仙花，艾达。
夏娃：这是一个——什么——啊，这曾是——
亚当：永恒的太阳！一位赤

裸的维纳斯……
夏娃：遗憾！如此鲜红、宽衣解带、赤身裸体、玫瑰色双唇……
亚当：夏娃是个漏嘴！
夏娃：啧啧！
亚当：现在有一番起起落落……
夏娃：在我身上？(哦，如诗一般！)不！
亚当：啊哈！
夏娃：我不会！哦，不是现在，我——
亚当：啊哈！
夏娃：不！哦，上帝，我——(如果我做的话就合适？)继续下去。
亚当：嘀嘀！
夏娃：哇噢！哦！
亚当：疼痛！(糟糕，爱神！)
夏娃：不，没有。我的英雄！更里面处女膜，继续，继续……
亚当：嘀嘀嘀嘀！
夏娃：错误令人作呕。放弃吧，爱人。
亚当：不，不是现在，我不要。继续，继续……
夏娃：起来，先生。
亚当：沾满露水的山谷，戏码上演……淑女下嫁？
夏娃：去娶一头埃尔的公羊吧！
亚当：抱怨，哦，谎话精！
夏娃：活生生的魔鬼！
亚当：有着钻石般双眼的假少女！
两人：嗯……嗯……嗯

111

莱斯古尔的另一则算法是将一种给定词性的单词调转顺序:交换文中的第一个和最后一个此词性的单词,然后是从两端数的第二个此词性的单词,以此类推。如果将这则算法应用于《白鲸》第一章中的那些名词,开头几句句子就变成[①]:

Call me air. Some hills ago—never mind how long precisely—having little or no phantoms in my whale, and nothing particular to interest me on processions, I thought I would sail about a little and see the watery soul of the purpose.

格诺的小册子《文学基础》(*Les Fondements de la Littérature*)通过分别用"单词""短语""段落"来代替"点""线""面"这些词,转化了希尔伯特[②]的那些欧几里得几何公理,从而得到一组新的公理,格诺为这组公理提供了诙谐的评论。还有一则潜在文学工坊的算法,用来代替单词的是词典中关于此词的定义,或者是纵横字谜游戏使用的比较自由的定义。由此得到的新陈述用同样方式再次改造,直至原来的意思丧失殆尽为止。有一项特殊的挑战是从两条具有完全不同意思的陈述开始,然后在最少的几个步骤内将它们转化成完全一样。

将一条谚语的前半部分和另一条谚语的后半部分结合在一起,形成"各占一席",这是一种马修斯在法语和英语中都有所探索的形式。他的《精选依赖性陈述》(*Selected Declarations of Dependence*, Eternal Network, Toronto, 1976)一书

---

① 这段话的意思是:

"叫我空气吧。几座山丘之前——不去管它准确地说是多久前——当时我的鲸里几乎没有幽灵,或者说一个也没有,在队列上又没什么特别让我感兴趣的事情,于是我觉得自己可以去四处航行一番,见识一下这目标中由水构成的灵魂。"——译者注

② 希尔伯特(David Hilbert, 1862—1943),德国数学家,他提出的希尔伯特空间理论是泛函分析的基础之一,对量子力学和广义相对论的数学基础也作出了重要贡献。这里提到的是希尔伯特对几何学基础的研究:1899年他出版了《几何基础》(*Grundlagen der Geometrie*)一书,对欧几里得几何给出了完全的公理体系,而且进行了逻辑上的验证。——译者注

由多篇诗歌和散文片段构成，从46条英语谚语中探索出数百条"各占一席"。在此给出其中几例①：

"A rolling stone gets the worm."

"A bird in the hand waits for no man."

"The road to hell has a silver lining."

"It's an ill wind that spoils the broth."

我们还可以通过同音异形异义字（即读音几乎相同但意思不同的单词）的替代来修改一条谚语。两个经典的英语实例是"There's no fuel like an oil fuel"和"There's no police like Holmes"②。单单是通过将谚语截断这种令人吃惊的方式，也能改变谚语③：

---

① 这四句话的意思分别是：

"滚石有虫吃"，由"滚石不生苔"（A rolling stone gets no moss）"早起的鸟儿有虫吃"（The early bird gets the worm）构成。

"一鸟在手不等人"，由"一鸟在手胜过双鸟在林"（A bird in the hand is worth than two in the bush）和"岁月不等人"（Time and tide waits for no man）构成。

"通往地狱的道路有一条银边"，由"通往地狱的道路是用良好的愿望铺就的"（The road to Hell is paved with good intentions）和"每片乌云都有一条银边"（Every cloud has a silver lining）构成。

"恶风烧坏汤"，由"恶风使人人遭殃"（It's an ill wind that blows nobody any good）和"厨师多烧坏汤"（Too many cooks spoil the broth）构成。——译者注

② 这两句话的意思分别是"没有任何燃料比得上石油燃料"和"没有任何警察比得上福尔摩斯"，原来的谚语是"There is no place like home"（没有任何地方比得上家）。——译者注

③ 这三句话的意思分别是：

"居住玻璃屋者就不应该"，原句是"居住玻璃屋者就不应该以石掷人"（People who live in glass houses shouldn't throw stones）。

"只工作不玩耍会令聪明孩子"，原句是"只用功不玩耍，会令聪明孩子也变傻"（All work and no play makes Jack a dull boy）。

"亲近枉生"，原句是"亲近枉生怠慢"（Familiarity breeds contempt）。——译者注

"People who live in glass houses shouldn't."

"All work and no play makes Jack."

"Familiarity breeds."

　　莱斯古尔用一些只包含四个主要单词的句子,通过全部24种置换方法的测试来进行实验。其目标是要使言之成理的置换的数量达到最大,其中允许使用同音异形文字。马修斯创作的一个英语实例显示在图6.3中。他指出,这张清单并不完备,因为剩下的置换方式都是冗余的。

A Partial Survey of Western European Holiday Migrations

EXODUS A

　Leeds' roads roam to all?
　Rome's Leeds' road to all—
　All Leeds rode to Rome.

EXODUS B

　All Rome leads to roads.
　Rome leads all to roads,
　Leads Rome all to roads:
　"Roam all leads to roads!"
　Roads lead Rome to all?
　All leads roam to Rhodes,
　Lead all Rome to Rhodes.

RETURN A + B

　Rhodes roams leads to all?
　Roads lead all to Rome,
　Lead all Rhodes to Rome.
　Rome-roads lead to all?
　All roam roads to Leeds!
　Rome rode all to Leeds.

SUMMARY

　All roads roam to Leeds

西欧节日迁移的部分调查

出埃及记A

利兹的道路漫步至所有地方

罗马的利兹的道路往所有地方

所有利兹乘坐去罗马

出埃及记B

所有罗马通往道路。

罗马将一切带往道路,

将罗马的一切带往道路:

"漫步一切通往道路!"

道路将罗马带往所有地方?

一切将漫步带往罗德岛,

将所有罗马带往罗德岛。

回归 A+B

罗德岛漫步通往所有地方？

道路将一切带往罗马，

将所有罗德岛都带往罗马。

罗马的道路通往所有地方？

所有漫步的道路都通往利兹！

罗马乘坐一切去利兹。

总结

所有道路漫步通往利兹

图6.3　马修斯对一条谚语的各种置换

　　潜在文学工坊用许多仔细规定的方式来置换诗歌的各行。埃蒂安用默比乌斯带[①]来将一首诗的各行交织在一起，从而构成一首不同的诗。将这首诗的一半写在一根纸带的一面，另外半首（上下颠倒地）写在另一面。将两端拧转后粘合在一起。沿着这根默比乌斯带的一面，按照你双手交握时十指交叉的方式交错读出各诗行。其目的是要使构成的诗在拧转前后具有相反的意思。

　　我们可以把默比乌斯带的构造方式应用于不同诗歌中具有相同长度的两个诗节。这样得到的诗通常具有奇异的风格，不过也并非总是如此。在图6.4中，我采用默比乌斯转换法，将米莱关于蜡烛燃烧的那首四行诗[②]和怀利的那

---

　　① 埃蒂安（Luc Étienne，1908—1984），法国作家。默比乌斯带（Möbius strip）是德国数学家默比乌斯（August Möbius，1790—1868）发现的单侧（有界）曲面。参见《加德纳的脑筋急转弯》第78页，马丁·加德纳著，涂泓译，冯承天译校，上海科技教育出版社。——译者注

　　② 米莱（Edna St. Vincent Millay，1892—1950），抒情诗诗人，剧作家，美国历史上第一位获得普利策诗歌奖的女性。关于蜡烛燃烧的四行诗是指她1920年所作的《第一粒无花果》（*First Fig*）：

My candle burns at both ends;	意思是：
It will not last the night;	我的蜡烛在两头燃烧
But ah, my foes, and oh, my friends,	它撑不到拂晓
It gives a lovely light!	可是啊，我的敌人们，还有哦，我的朋友们，
	它发出可爱的光！

——译者注

首美丽的抒情诗"雨中的铃铛"①最初的四行诗结合在一起。组合得到诗可以从米莱的四行诗开始念,也可以从怀利那四行诗开始念。

Sleep Falls
by Elinor Millay

Sleep falls, with limpid drops of rain
(My candle burns at both ends)
upon the steep cliffs of the town.
It will not last the night.

Sleep falls, men are at peace again.
But ah, my foes and oh, my friends,
while the small drops fall softly down,
It gives a lovely light.

My Candle
by Edna Wylie

My candle burns at both ends.
Sleep falls with limpid drops of rain
(it will not last the night)
upon the steep cliffs of the town.

But ah, my foes and oh, my friends,
sleep falls, men are at peace again.
It gives a lovely light
while the small drops fall softly down.

---

① 怀利(Elinor Wylie,1885—1928),原名霍伊特(Elinor Morton Hoyt),美国诗人和小说家。《雨中的铃铛》(*Bells in the Rain*)原文如下:

意思是:

Sleep falls, with limpid drops of rain	睡眠降临,带着那些清澈的雨滴,
Upon the steep cliffs of the town.	落在小镇的那些陡峭的悬崖上。
Sleep falls, men are at peace again,	睡眠降临,男人们又平和下来,
While the small drops fall softly down.	当这些小雨滴温柔落下时。
The bright drops ring like bells of glass,	这些明亮的雨滴像玻璃铃铛那样叮当作响,
Thinned by the wind, and lightly blown;	随风飘散,轻轻吹送,
Sleep cannot fall on peaceful grass	睡眠无法如同降临在石头上那样,
So softly as it falls on stone.	如此温柔地降临在平和的草地上。
Peace falls unheeded on the dead,	平和在不受注意地降临那些死者,
Asleep; they have had deep peace to drink;	他们在沉睡,他们有过深沉的平和可啜饮;
Upon a live man's bloody head	我想,在一个活生生的人那流血的头颅上,
It falls most tenderly, I think.	它的降临是最温柔的。

——译者注

睡 眠 降 临

埃莉诺·米莱

睡眠降临,带着那些清澈的雨滴,

(我的蜡烛在两头燃烧)

落在小镇的那些陡峭的悬崖上。

它撑不到拂晓。

睡眠降临,男人们又平和下来。

可是啊,我的敌人们,还有哦,我

的朋友们,

当这些小雨滴温柔落下时。

我 的 蜡 烛

埃德娜·怀利

我的蜡烛在两头燃烧。

睡眠降临,带着那些清澈的雨滴,

(它撑不到拂晓)

落在小镇的那些陡峭的悬崖上。

可是啊,我的敌人们,还有哦,我

的朋友们,

睡眠降临,男人们又平和下来。

它发出可爱的光

当这些小雨滴温柔落下时。

图6.4　一条默比乌斯带上的交织诗

　　潜在文学工坊的成员们写过一些短篇故事和剧本,在它们中间都有一些连接处,读者或听者可以在两种转接情节之间作出选择,从而得到不同的情节组合。(这种技巧不应与将小说元素随机化相混淆,有几个令人感到乏味的实例中包含了后者:如布托尔①的《移动》(*Mobile*),以及柏洛兹②最近的几部小说。)同样侨居巴黎的阿根廷作家科塔萨尔③撰写的小说《跳房子》(*Hopscotch*)④

---

　　① 布托尔(Michel Butor,1926—　　),当代法国作家,新小说派代表人物。——译者注

　　② 柏洛兹(William S. Burroughs,1914—1997),美国小说家、散文家、社会评论家,"垮掉的一代"的前卫派作家。——译者注

　　③ 科塔萨尔(Julio Cortázar,1914—1984),阿根廷作家、学者,出生于比利时,逝世于法国,南美洲先锋派作家。——译者注

　　④ 该书中译本1996年和2008年分别由云南人民出版社和重庆出版社出版,译者孙家孟。——译者注

比较接近潜在文学工坊的意图。全书154章的构思撰写为用两种方式来阅读。首先,你按照惯例从第1章通读到第56章。然后,你从第73章开始,按照每章末尾给出的数字所构成的数列取各章,按照跳房子的方式读完这本书。许多章节要读两遍,还有一章要读四遍。1966年众神图书公司(Pantheon Books)出版了由西班牙语翻译过来的英译本。

1967年在蒙特利尔举行的世界博览会上,捷克斯洛伐克馆放映了一部电影,观众可以在五个二分叉点投票决定如何继续放映下去。电影提供的这种选择在一定程度上是蒙人的,因为当时只有两部电影,它们的情节设计使得它们分叉后的结果只是在下一个连接处再次会合。尼尔森①在《梦想机器》(*Dream Machines*,这是他1974年在芝加哥出版的一本由两部分构成的书的一半)中论"分叉电影"时是这样说的:放映员只是简单地在不要被放映的那部分电影胶片前方放置一块不透明的挡光片即可。如果不存在自相交的情况,那么五个货真价实的二分叉选择就要制作$2^5 = 32$部不同的电影,这对于电影制作人而言会略显昂贵,更不必说演员们过度的负担了。

"同句法结构"是潜在文学工坊的一条术语,表示将一段文章中的所有单词都用新单词来代替,而又要保留基本的句法结构。阿德勒②在《图表法》(*Diagrammatics*)中做过类似的事情,这本奇异的胡话散文小书是他与莫德·P·哈钦斯〔Maude P. Hutchins,当时是罗伯特·梅纳德·哈钦斯(Robert Maynard Hutchins)的妻子〕于1932年编造出来的。阿德勒胡乱地写出了其中的文本,而哈钦斯夫人则为该书画插图。我曾有幸聆听阿德勒和哈钦斯夫人在芝加哥大学曼德尔剧场就他们这本书所做的一次联合演讲(有幻灯片)。兰登书屋(Ran-

---

① 尼尔森(Theodore H. Nelson,1937—   ),美国资讯科技与社会学家,他创造了"超文字"(hypertext)与"超媒体"(hypermedia)这两个名词。——译者注

② 阿德勒(Mortimer J. Adler,1902—2001),美国哲学家,"西方世界伟大名著项目"的发起人。——译者注

dom House)发行了此书的750册限量版,职业拳击手滕尼(Gene Tunney)购买了一册。你可以在阿德勒的自传《逍遥自在的哲学家》(*Philosopher at Large*, Macmillan, 1977)的第157—159页读到关于此书的一切,以及评论家们对它作出的反应。

有时候,我们有可能重新排列一首诗中某一熟悉段落的单词,从而构造出一首全然不同的诗。标点符号和大小写都可以有变化(林顿和我本人进行了一次此类探险,以"斑驳的诗歌"为标题出现在1973年5月的《遣词之道》上)。以下是我拼凑的几首诗之一。你能还原出原诗吗?(这首诗作者的名字是他真名的变位词。)①

> Prison Bloom and Withers?
>
> Poison the air-well?
>
> What good is there in that?
>
> It is only in deeds
>
> Vilest man
>
> Wastes like weeds.
>
> —S. WALDO RICE

---

① 原诗是王尔德(Oscar Wilde, 1854—1900)的《瑞丁监狱之歌》(*The Ballad of Reading Gaol*),全诗共分六个部分,总共660行。王尔德,爱尔兰作家、诗人、剧作家,英国唯美主义艺术运动的倡导者,以其剧作、诗歌、童话和小说闻名。变位词(anagram)是由变换某个词或短语的字母顺序而构成的新的词或短语。
这几句诗的意思是:
监狱绽放和凋零?
污染通风井?
这样有什么好处呢?
只有在行动中,
最卑鄙的人
才会像野草一般荒芜。
　　　　——S·瓦尔多·莱斯
又参见本章末的答案。——译者注

1974年2月,《遣词之道》发表了扬奎斯特(Mary Youngquist)的一首诗,她经常投稿。图6.5中翻印了这首诗。关于她的这首诗,有什么非同寻常之处呢?

假如有一位诗人写了一首诗,然后把这首诗中的所有单词按照字母顺序排成一张清单,交给另一位诗人,而第二位诗人在没有看见原诗的情况下用这些单词来写出一首新诗,结果会怎样呢?潜在文学工坊的成员们还没有做过此类尝试,但是《遣词之道》发表过好几次此类实验得到的非凡结果。埃克勒将这些诗称为"词汇概念"诗[请参见1969年5月、1970年8月和1975年5月的这几期,还有埃克勒为1976年7月那一期《游戏和谜题》(*Games and Puzzles*)所写的专栏,以及前文曾提到过的伯格森的那本书的第四章]。令人惊讶的是,结果创作出来的新诗竟如此之好,除了基调以外,与原诗几乎毫无相似之处。埃克勒发表过一些比较两首诗时得出的有趣的统计性结果。正如我们会预料到的那样,原诗越短,新诗就越接近于原诗。

Winter Reigns

Shimmering, gleaming, glistening glow—
Winter reigns, splendiferous snow!
Won't this sight, this stainless scene,
Endlessly yield days supreme?

Eyeing ground, deep piled, delights
Skiers scaling garish heights.
Still like eagles soaring, glide
Eager racers; show-offs slide.

Ecstatic children, noses scarved—
Dancing gnomes, seem magic carved—
Doing graceful leaps. Snowballs,
Swishing globules, sail low walls.

Surely year-end's special lure
Eases sorrow we endure,
Every year renews shared dream,
Memories sweet, that timeless stream.

—Mary Youngquist

冬季一统天下

暗淡微弱的、若隐若现的、闪耀反射的光芒，
冬季一统天下，绝妙无比的雪！
这般景象，这纯洁无暇的景象，
难道不会永无止境地产生至高无上的日子？

注视着地面上的、深深堆积的、欢愉
滑雪者们攀登到耀眼的高处。
仍然像雄鹰在翱翔一般，
赛手们争先恐后地滑行；卖弄者们徐徐滑动。

狂喜的孩子们，鼻子上蒙着围巾——
舞蹈的小精灵们，看来像是魔法雕刻的——
在作优雅的跳跃，雪球
飕飕作响的小球，飞过那些矮墙。

无疑，年末的特别诱惑
减轻了我们所忍受的悲伤，
每一年都翻新共享的梦境，
那些甜美的回忆，那永恒的溪流。

——玛丽·扬奎斯特

图6.5　一首用隐藏着的手法构建的诗

　　法语中最频繁使用的11个字母可以排列拼写成 *ulcérations*。(这个单词在法语和英语中都是"溃疡"的意思。)佩雷克曾自娱自乐地写过一些所谓的"等语法诗"——完全用这11个字母写成的诗。他还发表了一些包含同样这11个字母再加上一个"自由"字母的诗。图6.6中展示了这种技巧。每个自由字母的位置在其中都用一个十字来表示。下面是佩雷克在用他选择的一个字母来取代每个十字以后所构成的诗。马修斯将其翻译成了英文①：

---

　　① 这段话的意思是：

　　料想一座堡垒，墙在遥远的地方；这引起了刺痛——你昨天掠过时关闭着，你的赤身裸体，你同时将无法毁灭的场区同它那短小的、不可否认的丧钟之声联系在一起的那座拱门，在那里被接受。你的故事：白色对抗黑夜，发出回声。——译者注

Believed a bastion, the wall is far off: this smarts—you skim over shut yesterday, your nakedness, the arch where you synchronously bound the indestructible courtyard to its short, denied knell, there received. Your story: white against the night, echoes.

CRU+ASTIONLE
+URESTLOINCA
CUITONRASEL+
IERCLOSTANU+
ITELARCOUS+N
C+RONETULIAS
LACOURIN+EST
RUCTI+LEASON
+LASCOURTNIE
RECULATON+IS
TOIRE+LANCSU
RLANUITEC+OS

Cru bastion, le mur est loin: ca cuit,
on rase l'hier clos, ta nudité, l'arc
où, synchrone, tu lias la cour
indestructible à son glas court nié,
reçu là.

ton histoire:
blanc sur la nuit,
échos

图 6.6　佩雷克的一首等语法诗

在美国的莱诺整行铸排机发明以后，人们普遍相信英语中最常用的 12 个字母以出现频率降序排列为 etaoin shrdlu。这两个毫无意义的单词是由传统莱诺整行铸排机键盘的第一列和第二列拼缀出的。有些时候，印刷工沿着各列向下滑动手指而打出一行相连的字母，其目的是为了做标记，他是打算稍后将其移除的。如果他忘记了，这些神秘的单词可能会被印刷出来。也许读者们能够在用、或者不用第 13 个自由字母的情况下，创作出几首用 etaoinshrdlu 构成的诗。

用 etaoin shrdlu 这些字母能够拼出的英语单词,至今已知的只有一个。这个词是"outlandisher"(异国风情的人),可以在《新标准足本大词典》(*New Standard Unabridged Dictionary*)中查到。用这些字母有可能构成两个单词,表示的是一个众所周知的国家的一个地区的名字。你能发现这个地区吗?

潜在文学工坊还研究在英语里所谓的"雪球式句子",其中每个单词都比它的前一个单词多一个字母。马修斯举出了一个由 22 个单词构成的雪球,其开头是 *O le bon sens*,结尾是 *pseudotransfigurations*[①]。英文中有一个很好的范例,下面这句由 20 个单词构成的雪球是英语中雪球式句子的一个很好的范例,它取自博格曼(Dmitri Borgmann)的经典著作《度假中玩语言》(*Language on Vacation*),[②]:

I do not know where family doctors acquired illegibly perplexing handwriting; nevertheless, extraordinary pharmaceutical intellectuality, counterbalancing indecipherability, transcendentalizes intercommunications' incomprehensibleness.

《潜在文学》一书中还充满了大量其他类型的语言游戏,不过我的篇幅只能再讲述几种。本斯写作的是他所谓的"无理化十四行诗"。诗中的十四行被划分为五个部分:三行、一行、四行、一行、五行。这五个数字,即 31415,是圆周率 π 的前五位数,而圆周率是一个无理数——这就是这种十四行诗的名称来源。其格律为 *aab*,*c*,*baab*,*c*,*cdccd*。其中的两个单行必须以相同的单词结尾。

阿尔诺写作的是他所谓的"异性恋诗"。在这些诗中,以阳性词结尾(最后一个音节重读)的行与以阴性韵脚(最后一个音节不重读)终止的行交替相间。

---

① *O le bon sens* 和 *pseudotransfigurations* 的意思分别是常识和伪变形。——译者注

② 这段话的意思是:"我不知道家庭医师们是从何处习得复杂难辨的笔迹的;不过,非凡的药剂业知识分子为了对模糊难辨进行制衡,将相互沟通的不可理解性超验化了。"——译者注

　　潜在文学工坊开发出各种各样的代数公式,其成员们将这些方程有效地应用于小说、故事和剧本的情节结构。贝尔格是一位杰出的图论学家,他明示了在分析文学结构的过程中,有向图(图中有一些箭头为每条边指明一个方向)如何能够起到辅助作用。

　　佩雷克的《战争的恐惧》(*Les Horreurs de la Guerre*)是一出三幕戏剧,将其整个对话中的单词连续朗读,就是将法语字母表按顺序朗读了一遍。《遣词之道》发表过埃克勒用英语写的一段巧妙的类似文本,以及下面由马修斯撰写的这段佳句。这是一只乌鸦对一个稻草人说的话①:

> **Hay, be seedy! He-effigy, hate-shy jaky yellow man, oh peek, you are rusty, you've edible, you ex-wise he!**

(更多例子请参阅《遣词之道》1981年5月第85页。)

　　精巧!我听到你在这样说,不过多无意义,对创造性精力多悲哀的浪费!然而,难道这不是令我们深刻地认识到:一种文化的语言,由声音和意义构成的神秘混合体,是一种有自身独立生命的结构吗?马修斯在《沉没》②中写道:"西方世界是疯狂的,没有你的词汇,我就无法生存,无论你是如何拼写它们的。"假如这只乌鸦的评论出现在《芬尼根的守灵夜》内部的某处,你能想象一位乔伊斯迷,他会发现其不协调之处,又或者他自己不会享受发现这段话隐藏的潜在形式的乐趣吗?

---

　　① 这段话将所有单词连读,就像是将英文字母表从 A 到 Z 朗读了一遍,它的意思是:"嘿,你要破衣烂衫!肖像上的他,讨厌羞怯的土佬黄脸汉,哦,偷看一眼,你锈迹斑斑,你有食物,你比他睿智!"——译者注

　　② 就是前文提到过的《奥德拉德克体育场的沉没以及其他一些小说》(*The Sinking of the Odradek Stadium and Other Novels*)——译者注

那首打乱的诗是用王尔德的《瑞丁监狱之歌》(*The Ballad of Reading Gaol*)中以下几行构造出来的①：

> **The vilest deeds like poison weeds**
> **Bloom well in prison air:**
> **It is only what is good in Man**
> **That wastes and withers there.**

霍夫(Catherine Hoff)用王尔德的这四行诗构造出另外五首卓越的打乱形式的诗。这几首诗出现在《科学美国人》的信件专栏，它们的署名是以下几位诗人：艾尔（Oswald C. Ire）、克劳斯（Rod I. Clawse）、道斯（Eric O. L. Daws）、魏莱克（Dora S. Wilec）和克莱德（Rosa W. Clide）。格尔森（Sareen Gerson）想知道为什么我的莱斯没能打乱王尔德这节诗余下的几行：

> **Pale Anquish keeps**
> **The heavy gate, and the**
> **Warder is Despair.**

---

① 这几句诗的意思是：
最卑鄙的行为就像有毒的杂草一般
繁茂地绽放在监狱的空气里：
只有人心中的善处
才在那里荒芜和凋零。——译者注

125

她将这节诗如下补充完整①：

The gate is heavy anguish.
Despair and warder
The pale keeps.

扬奎斯特那首诗的奥秘之处在于，每个单词的最后一个字母都是下一个单词的首字母。这种特性甚至延伸到结尾处诗人的名字。有多位读者建议修改这首诗的标题，从而使它以 t 开头，即"扬奎斯特"（Youngquist）的最后一个字母，例如改成"这雪，冬季一统天下"（This Snow, Winter Reigns），或者改成"然后，现在，冬季一统天下"（Then, Now, Winter Reigns），这样就使得其中隐藏的结构形成了循环。这两个标题都是格雷格拉克（Bob Gregorac）所建议的。

etaoin shrdlu 这几个字母可以重新整理，拼写成南爱尔兰（South Ireland）。瑞格尼（John Rgney）将同样的这几个字母排列后拼写成了一位西班牙人提供的关于如何抵达南爱尔兰的建议："向正北航行"（Sail due North）。科谢尔斯基（Dolores Kozielski）将这些字母打乱后拼成一个用连字符连接的单词"反肩膀"（anti-shoulder）。霍金斯（Richard Hawkins）引用了一句旅行社的口号："我处理旅行"（I han-

---

① 原诗的意思是：
苍白的痛苦守住
这沉重的大门，
而狱吏就是绝望。
打乱后的意思是：
这大门是沉重的痛苦。
绝望和狱吏
由这栅栏守住。
其中"pale"在两首诗中作"苍白的"和"栅栏"两种意思解。——译者注

dle tours）。多伊尔（Tom Doyle）则提醒了我，Etaoin Shrdlu 是莱斯①的戏剧《加算器》（*The Adding Machine*）中的一个角色。

随着莱诺整行铸排机被计算机排版技术逐渐取代，etaoin shrdlu 如今已经近乎废弃了，不过 QWERTY 作为标准打字机键盘的第一行字母中的前 6 个，仍然与我们同在。顺便提一下，你知道"打字机"（TYPEWRITER）这个单词是用这种键盘最上面的一行字母拼出来的吗？

许多读者用只有 etaoin shrdlu 这几个字母构成的各行来创作出一些诗。其中最好的一首是莱特（Walter Leight）写的，发表在《科学美国人》的信件专栏（1977 年 4 月）。这首诗的标题是莎伦·戴鲁特"（Sharon Dilute）②，它由 8 首四行诗构成，其开头是③：

---

① 莱斯（Elmer Rice，1892—1967），美国剧作家。《加算器》于 1923 年上演并获得空前成功。——译者注

② "Dilute"一词的字面意思是"稀释"。——译者注

③ 这首诗的意思是：
老猎人，当我
猛冲进来掌权，
冒犯了一个游牧部族，
并因此受伤倒地，

没有任何成年继承人，
被惹怒，而叫喊出一句
誓言："罪恶受到了诱惑，
令灵魂呆滞。"——译者注

Old hunter, as I
dash in to rule,
insult a horde
and so lie hurt,

no adult heirs,
riled, shout an
oath: "Sin lured,
had soul inert."

第 7 章

潜在文学工坊之二

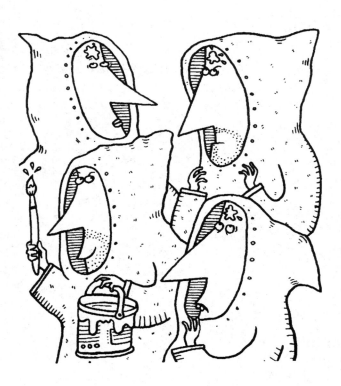

The rose-lipt girls are sleeping;
Sleep falls; men are at peace again
In fields where roses fade
While the small drops fall softly down.

我所撰写的关于潜在文学工坊那个专栏,后来成了刊登在《时代周刊》(*Time*)上的关于这个团体的一篇文章(1977年1月10),文中附有一张照片,是勒利奥奈正在快速翻阅格诺的有10^{14}首十四行诗的那本书。在《时代周刊》的信件专栏(1月31日),读者们提出了像"The worm is on the other foot"和"Time wounds all heels"[①]这样的一些"各占一席"之语,还构造出了两句异乎寻常的雪球式句子。

勒利奥奈写信告诉我他所创立的其他一些研习小组:"潜在绘画工坊"(法语"Ouvroir de peinture potentielle",缩写为Oupeinpo)、"潜在音乐工坊"(法语"Ouvroir de musiques potentielles",缩写为Oumupo)、"潜在电影工坊"(法语"Ouvroir de cinématographie potentielle",缩写为Oucinepo)和"潜在侦探文学工坊"(法语"Ouvroir de littérature policière potentielle",缩写为Oulipopo)。1978年,他的数学词典出版,并且紧接着很快又出版了他的那本关于非凡的数字的选集《非凡的数字》(*Les Nombres Remarquables*,1983),其中列出了大约500个

---

① 第一句话的意思是"虫子已在另一只脚上了",由"虫子被踩也会翻身"(The worm will turn when trodden upon,与中文的"兔子急了也会咬人"意思相近)和"鞋子已在另一只脚上了"(The shoe is on the other foot,比喻事过境迁,情况已经完全不同了)构成。第二句话的意思是"时间弄伤所有脚踵",由"时间治愈一切创伤"(Time heals all wounds)和"阿喀琉斯之踵"(Achilles' heel,比喻致命的弱点)构成。——译者注

不同寻常的数字,并对它们进行了评注。插页图2中刊登了一幅潜在文学工坊成员们在他的花园里拍的照片,那是在1975年。他还报告说,潜在文学工坊中的图论学家贝尔格曾写过一首"消失的一行"的十四行诗,仿效我的那本《车轮、生命和其他数学消遣》第十二章中重印出的"消失的精灵"悖论(vanishing leprechaun paradox)。当这首十四行诗被剪成三部分再重新排列时,就从15行变成了14行,当然它在两种形式下都是通顺有理的。

佩雷克出生在巴黎,1982年死于癌症(享年46岁)。他的父母都是犹太人,并在1920年代离开波兰。他的父亲在德国入侵法国期间丢了性命,而他的母亲则死在集中营中。在他的十几本书中,代表作《生命及其使用指南》(*La Vie, Mode d'Emploi*)1987年在美国出版时的标题为《*Life: A User's Manual*》,这本书值得作一番评论。此书的581页被分成99个短小的章节和一个后记,它们详细地描述了巴黎一幢公寓大楼里的每个房间,并对每位居民的生活给出了一段描述。这100个房间对应于一个10 × 10希腊拉丁方的各单元格(关于这类方阵的讨论,请参见我的《椭圆、拉丁方及连桥棋牌》(*New Mathematical Diversions from Scientific American*)[①]一书第5章)。我们沿着国际象棋中马从一个格子跳到另一个格子的路径轮流参观每个房间。这些房间的100种内部情景还在一幅巨大的油画中被描绘出来,作者是在这幢大楼里居住了55年的一位年迈的画家。

法语版原书中密密麻麻地充满了无法翻译的文字游戏、趣味数学、国际象棋问题和取自一些著名作家的、隐匿的引文。奥斯特[②]在为《纽约时报书评》(*New York Times Book Review*,1987年11月15日)评述这部小说时,称此书中的种种圈套和暗指"具有惊人的娱乐性",作者记载了他偶然得知以下这件事

---

① 上海科技教育出版社2017年1月出版。——译者注
② 奥斯特(Paul Auster,1947—   ),美国小说家、诗人、翻译家、电影编剧和导演。——译者注

时的欣喜之情:佩雷克在提到杰斐逊(Arthur Stanley Jefferson)所作的一段旋律时,他盗用了喜剧演员劳莱①的真名。这本书中有一个原名索引、一张重要日期的年表和一张情节清单。

这99章如同拼图的各片彼此相扣,而拼图正是这部小说的中心象征。巴特尔布思(Percival Bartlebooth)是巴黎这幢公寓里的一位富有的英国居民,他花了10年时间学习水彩画。接下去的20年,他周游世界,去画500个不同的海港。他把每幅图都寄给这幢大楼里的另一位居民温可勒(Gaspard Winckler),而后者则将每幅图都改成一套750片的拼图。巴特尔布思旅行回来后,又花了此后的20年来拼出这些拼图。不幸的是,巴特尔布思在拼他的第439幅图时死去,手里拿着一片形如"W"的拼图片,但图上唯一剩下的那个洞的形状却是一个"X"。现实挫败了生活。正如伯克斯②在《新共和》杂志(*New Republic*,1988年2月8日)上的评论中所写的,这个结尾是佩雷克"狡黠地用胳膊肘戳中了他自己的事业"。潜在文学工坊的另一位成员卡尔维诺宣称,佩雷克是"世上最特立独行的文学名人之一,一位绝对不与任何其他人相似的作家。"

卡尔维诺本身也是一位特立独行的作家,这位潜在文学工坊的支持者在美国有着最多的追随者(他和马修斯都是在1973年的情人节那天入选潜在文学工坊的)。他在1985年去世(享年61岁)时,被普遍认为是意大利最卓越的小说家。就像卡尔维诺的那些潜在文学工坊的朋友们所创作的小说那样,他的那些小说和短片故事也富于幽默、幻想,以及构筑情节的各种奇异方式。《我们的祖先》(*Our Ancestors*)③中的三个故事说的是:一位被分成两半的骑士(其中一

---

① 劳莱(Stan Laurel,1890—1965),原名杰斐逊(Arthur Stanley Jefferson),英国喜剧演员、作家和电影导演。——译者注

② 伯克斯(Sven Birkerts,1951—　),美国散文作家和文学评论家。——译者注

③ 工人出版社和译林出版社都先后出版过此书的中译本。全书由《分成两半的子爵》(The Cloven Viscount,1952)、《树上的男爵》(The Baron in the Trees,1957)和《不存在的骑士》(The Nonexistent Knight,1959)三部分构成。——译者注

半作为仁者活着,另一半则作为冷酷无情的人活着);另一位像许多政治领导人一样的骑士,在他的盔甲之下并无任何实体存在;还有一位是生活在树上的贵族。《命运交叉的城堡》(*The Castle of Crossed Destinies*,1977年在美国出版)①中随机打出的塔罗牌②(它们的图片被重印在这本书的页边空白处)提供了卡尔维诺所谓的"一架构造故事的机器"。[参见厄普代克在其散文集《拥抱海岸》(*Hugging the Shore*)中第463—470页"纸牌技巧"里一针见血的评论。]

　　卡尔维诺的最后一本主要著作《如果在冬夜,一个旅人》(*If on a Winter's Night a Traveler*,美国版本出现在1981年)③是关于这本书本身的——"读者"(这个故事里的一个角色)购买一部小说。不幸的是,他所购买的这本书是有缺陷的,其中的书页在装订时与另一位作家撰写的一部波兰语小说的书页混杂在一起了。书商用这本混杂的书去换那本料想是波兰小说的书,然而后者也是残缺不全的。装订中印刷页面和空白页面交替出现。这只是一个越来越令人困惑、越来越复杂的故事情节的开头部分。书中有10段不同的情节,每段都有着扣人心弦的结尾,或者说像麦卡锡在为《纽约书评》④评论此书时那样,将其看成是"在艺术和虚构的实践中,体外射精的10次受控例证"。

　　最具有潜在文学工坊特质的美国小说家——尽管我并不知道那些潜在文学工坊的作家们实际对他有多少影响——当然是巴斯⑤,紧随其后的还有品

---

　　① 此书中译本由译林出版社翻译出版,译者张宓。——译者注

　　② 塔罗牌是一种类似于扑克牌的卡牌,是一种象征图像系统,通常由78张纸牌构成,有法国塔罗牌及意大利塔罗牌。自18世纪以来,塔罗牌常被神秘主义者用于占卜。——译者注

　　③ 安徽文艺出版社和译林出版社都先后出版过此书的中译本,安徽文艺出版社的译名为《寒冬夜行人》。——译者注

　　④ 麦卡锡(Mary McCarthy,1912—1989),美国作家、评论家。《纽约书评》(*New York Review of Books*)是1963年在美国纽约市创办的一本关于文学、文化、时事的半月刊。——译者注

　　⑤ 巴斯(John Barth,1930—　　),美国后现代主义小说家,1972年因《客迈拉》(*Chimera*)获美国国家图书奖。——译者注

钦、库佛和巴塞尔姆①。文字和数学游戏在巴斯的《书信集》(Letters)一书中最为密集,不过如果在这里讨论这部复杂费解的著作,就会让我们离题千里了。

一段情节分叉成两个或更多可能的结尾,这并不是一种新的想法——它在邓萨尼爵士②和普利斯特③的戏剧中得到过有效的运用,更为近期的还有福尔斯④在《法国中尉的女人》一书结尾处运用了该技巧。潜在文学工坊允许读者们作出自己的选择,或者在一段叙事过程中的不同位置替换剧情,从而将这种技巧推向了极致。格诺的《讲述你自己的时尚》(Tale of Your Own Fashion)开头这样写道:“你希望听到三粒警报豆的故事吗?如果是的话,请跳到4。如果不是,请跳到2。”如果你选择4,那么故事继续道:“从前有三粒小豆子……如果你喜欢这段描述,请跳到5。如果你宁愿选择另一种描述,请跳到9。”依此类推。

这种体裁被称为“交互式小说”,在美国的青少年读物和成人书籍,以及一些电影和舞台剧中都流行起来。在1970年代后期,班塔姆图书公司(Bantam Books)开始出版一系列非常成功的儿童书籍,名为“选择你自己的冒险”(Choose Your Own Adventure)。在每个故事里,读者都可以在大约二十几个连接点处做出选择,结果会导向为数众多的可能结局。另有一些出版社在1980年代也以类似的书籍加入了这一行列。印章图书公司(Signet Books)将它的系

---

① 品钦(Thomas Pynchon, 1937——)、库佛(Robert Coover, 1932——)和巴塞尔姆(Donald Barthelme, 1931—1989)都是美国后现代主义小说家。——译者注

② 邓萨尼爵士(Lord Dunsany, 1878—1957),爱尔兰小说家、剧作家,原名普朗克特(Edward Plunkett),他是第18世邓萨尼男爵(18th Baron of Dunsany),他出版的书都署名“邓萨尼爵士”。——译者注

③ 普利斯特(J. B. Priestley, 1894—1984),英国小说家、剧作家和评论家。——译者注

④ 福尔斯(John Fowles, 1926—2005),英国小说家和散文家。《法国中尉的女人》(The French Lieutenant's Woman)是他1969年出版的代表作,由这部小说改编的同名电影于1981年上映。百花文艺出版社、上海译文出版社、云南教育出版社都先后出版过此书的中译本。——译者注

列称为"给成人玩的生命游戏"(Lifegames for Adults)。每部小说都分叉成64个可替换的最终章节,有些是快乐的,有些是可怕的。口袋图书公司(Pocket Books)很快制作了"哪条路丛书"(Which Way Books):"哪条路追随心的罗曼史"(Which Way Follow Your Heart Romances)、"用你的方式来玩运动丛书"(Play-it-your Way Sports Books)、"超级英雄哪条路丛书"(Super Hero Which Way Books)和"哪条路暗门丛书"(Which Way Secret Door Books)。西蒙与舒斯特(Simon and Schuster)出版公司出版了"策划你自己的恐怖故事集"(Plot-your-own Horror Stories),而勒纳出版集团(Lerner Publications Group)则推出了它的"你是教练丛书"(You are the Coach Books)。

这些书籍无一产生了任何持久的价值。在一台计算机上选择分叉路径是最容易的事情了,因此这些交互式"小说"以计算机软件的形式开始在市场上推出,也就不足为奇了。第一部是《冒险》(Adventure),讲述一段穿越地牢和洞穴寻宝的故事。对于这类事情而言,神秘谋杀案是自然而然的,它们有数万种不同的揭开方式,有时候还要花上数月时间来破案。科幻小说日益流行起来。布莱伯利①协助撰写了他的《华氏451度》(Fahrenheit 451)的一个交互版本。克拉克的《与拉玛相会》②和亚当斯的《银河系漫游指南》③是另外两部畅销书。克莱顿(Michael Crichton)写了一部新小说《亚马逊》(Amazon),其中讲到在南美丛林里搜寻一座消失的城市。这些计算机"小说"是否会逐步演化成某种可以称之为文学的东西,或者只是停留在漫画书水平上的一时消遣,这仍然谁也猜

---

① 布莱伯利(Ray Bradbury,1920—2012),美国科幻、奇幻、恐怖小说作家。——译者注

② 克拉克(Arthur Clarke,1917—2008),英国作家、发明家。《与拉玛相会》(*Rendezvous with Rama*)是他1972年出版的科幻小说,四川少年儿童出版社、广东人民出版社、四川科学技术出版社等都先后出过此书的中译本。——译者注

③ 亚当斯(Douglas Adams,1952—2001),英国广播剧作家、音乐家。《银河系漫游指南》(*Hitchhiker's Guide to the Galaxy*)是他的一系列科幻小说,四川科学技术出版社和上海译文出版社都先后出过此书的中译本。——译者注

不准。

1980 年代后期,有好几部电影和戏剧都允许观众们决定故事应该如何发展下去。《艾德温·德鲁德之谜》①1985 年在曼哈顿上演时,允许观众们在狄更斯的停笔处投票决定这出戏剧应该如何收场。

读者们受到潜在文学工坊文字游戏的启发,寄来了为数众多的"各占一席",比如说以下来自维安特(Carolyn Weyant)的这一条:"In one ear and gone tomorrow"②。简单地将关键词调转,就可以改变谚语,比如说"The oboe is an ill wood wind that nobody blows good"③。1969 年,纽约市市长林赛(John Lindsay)的妻子在电视上为她丈夫支持阿格纽④提名副总统而道歉。她说:"政治造成奇怪的盟友(Politics makes strange bedfellows)。"林赛市长在被告知他妻子的评论后回答说(《纽约时报》,12 月 31 日):"好吧,盟友造成奇怪的政治(Bedfellows makes strange politics)。"罗伯特·詹克斯在一张明信片上写道:"那些仅仅站着发挥作用的人,他们也在等待(They also wait who only stand and serve)。"⑤用双关语来改变谚语是由摩根斯坦(Leonard Morgenstern)传授下来的:"Many

---

① 《艾德温·德鲁德之谜》(*The Mystery of Edwin Drood*)是英国作家狄更斯(Charles Dickens,1812—1870)生前未完成的最后一部小说。——译者注

② 这句话的意思是"一只耳进,明日已逝",由"一只耳进,一只耳出"(Go in one ear and out the other)和"今日尚在,明日已逝"(Here today, gone tomorrow,比喻过眼云烟)构成。——译者注

③ 这句话的意思是"双簧管是一种没有人吹得好的木管乐器",原句是"使人人遭殃的风才是恶风"(It's an ill wind that blows nobody any good),意指"很少有对人人都有害的事情",或"无论发生什么不幸之事,总有人从中得益"。——译者注

④ 阿格纽(Spiro Agnew,1918—1996),1969—1973 年任美国副总统,因水门事件及其在马里兰州州长任内涉及贪污和洗钱等丑闻,在弹劾威胁下被迫辞职。——译者注

⑤ 这句话的原句是"They also serve who only stand and wait",意思是"那些仅仅站着等待的人,他们也在发挥作用",出自英国诗人、思想家弥尔顿(John Milton,1608—1674)的十四行诗《哀其失明》(On his Blindness)。——译者注

are cold but few are frozen"；"One's man Mede is another man's Persian"①。来自格默里(John Gummere)的是："Too many crooks spoil the brothel"②。

格兰德(Al Grand)写信来，为马修斯的法语–英语单词清单添上了"bras"一词。格兰德说，当他那些法语班在唱《马赛曲》(La Marseillaise)的时候，这个词总是在他的六年级女孩们中间造成阵阵尖声大笑。他写道，"*Mugir ces féroces soldats, ils viennent jusque dans nos bras...*"③这几行歌词在女孩们的头脑中变质成了像这样的东西："当这些呻吟着的战士们听到'废话'，他们就来设法抢夺我们的胸罩……"(When these groaning soldiers get the 'blahs', they come and try to snatch our bras...)。

宾夕法尼亚州哈弗福德学院威廉·佩恩特许学校的名誉校长格默里受到马修斯的那些法语–英语单词的启发，汇编了一张拉丁语单词的类似清单。这张清单发表在《经典观》(*The Classical Outlook*)杂志上(1931年3/4月)，此处经格默里本人允许后转载在图7.1中。

肖兹在《游戏》杂志(1979年1/2月)上撰写有关"全美谜题联盟"的文章时，将下面这句绝妙的、单词首字母按ABC…排列的句子归功于一位用蒙娜·丽莎(Mona Lisa)作为笔名的女性解谜者："A brilliant Chinese doctor exhorted four graduating hospital interns, 'Just keep looking, men – no other prescription

---

① 第一句的意思是"许多人感到寒冷，但极少人被冻僵"，原句为"许多人被召唤，但极少人被选中"(Many are called but few are chosen)，出自圣经。第二句的意思是"汝之米提亚人，彼之波斯人"，原句为"汝之佳肴，彼之毒药"(One man's meat is another man's poison)。米堤亚人与波斯人有过多次交战，后融为一体。——译者注

② 这句话的意思是"骗子多，坏妓院"，原句为"厨师多，烧坏汤"(Too many cooks spoil the broth)。——译者注

③《马赛曲》(La Marseillaise)是法国国歌，这句话的意思是："当这些骇人的士兵们在吼叫时，他们正在来到你的怀抱中"。——译者注

a	do²	is	post
acre	dole	it	quid⁴
age	dote	late	re²
ages	ducat	male	rear
ago	eat	mallet	rue
an	era	mane	sere
at	ere	mare	sex
boa	fare	mi¹	si¹
bone	ferret	miles	sic⁵
cadet	fit	mire	sol¹
cane	flare	more	sole⁶
cave	flat	net	stare
clam	for	nix	sue
cur	fore	no	sum
dare	fur	pace	tale
date	graves	pane	tam
dens	hem	pellet	time
die	his	pone³	tot
do¹	I	possum	violet

**(NOTES: 1, musical note; 2, to act; 3, corn pone;
4, a chew; 5, urge to attack; 6, the fish)**

图7.1　格默里的拉丁语-英语清单

（下方的注解为：1.音符；2.做；3.玉米饼；4.一种咀嚼物；5.攻击的冲动；6.鱼）

quickly relieves sore throats, unless veterinarians willfully x-ray your zebras.'"①

　　小伊莱（Albert L. Ely, Jr.）将怀利和米莱的那两首四行诗与豪斯曼②的"西

---

　　① 这句话的意思是："一位才华横溢的中国医生告诫四位即将毕业的实习医生：'仅仅保持留神，伙伴们——没有任何其他迅速缓解喉咙疼痛的处方，除非兽医们故意用X光照你的斑马。'"——译者注

　　② 豪斯曼（A. E. Hausman，1859—1936），英国经典文学学者和诗人。他的诗集《西罗普郡少年》（*A Shropshire Lad*）中译本由湖南人民出版社翻译出版，译者周煦良。——译者注

罗普郡少年"(*A Shropshire Lad*)交织在一起,得到了以下这段诗①:

> With rue my heart is laden—
> My candle burns at both ends
> For golden friends I had.
> It will not last the night
> For many a rose-lipt maiden,
> But ah, my foes, and oh, my friends,
> And many a lightfoot lad,
> It gives a lovely light.
>
> By brooks too broad for leaping
> Sleep falls with limpid drops of rain.
> The lightfoot boys are laid
> Upon the steep cliffs of the town;
> The rose-lipt girls are sleeping;
> Sleep falls; men are at peace again
> In fields where roses fade
> While the small drops fall softly down.

---

① 这首诗的意思是:

我心中载满了悔恨——

我的蜡烛在两头燃烧

为昔日的金玉良朋,

它撑不到拂晓

为许多嘴唇如玫瑰一般的少女,

可是啊,我的敌人们,还有哦,我的朋友们,

还有许多步态轻盈的少年,

它发出可爱的光!

在那些太宽以致无法跃过的溪边

睡眠降临,带着那些清澈的雨滴,

脚步轻盈的少年们安卧

在小镇的那些陡峭的悬崖上;

那些嘴唇如玫瑰一般的少女们在安睡;

睡眠降临,男人们又平和下来;

在玫瑰凋零的田地间,

当这些小雨滴温柔落下时。——译者注

　　林格勒(Dick Ringler)受到林顿那段在亚当和夏娃之间展开的回文对话的启发,写作了以下这一对四行诗,以相反的次序读出其中任意一首诗,就能得出另一首[①]:

DIPTYCH

To Theseus: Finding No Minotaur

Thread the chaos, pattern the despair.
　Shadows loom and worry you:
Dead hope, and empty heaven, and now bare
　Meadows—fearful! but all perspective true.

To Penelope: Weaving in Autumn

True perspective all, but fearful! meadows
　Bare now, and heaven empty, and hope dead,
You worry and loom shadows,
　Despair the pattern, chaos the thread.

---

　　① 这两首诗的意思是:

对折双联诗

对忒修斯:没有发现弥诺陶洛斯

细线是混乱,图案是绝望。

阴影阴森地逼近并令你担忧:

死去的希望,和空荡荡的天堂,以及如今光秃秃的

牧场——可怕!然而一切景观都是真实的。

对佩内洛普说:在秋日编织

真实的景观是一切,然而可怕!牧场

如今光秃秃,而天堂空荡荡,以及希望已死去,

你忧虑并阴森地逼近阴影,

绝望是图案,混乱是细线。

diptych是指由形成对照的两部分构成的东西,一般是可折叠的双联画,也有雕刻品或文学作品。

忒修斯(Theseus)是古希腊神话中的雅典国王。雅典人被迫奉祭少男少女给克里特岛地下迷宫中的怪物米诺陶洛斯(Minotaur),忒修斯利用一个线团在迷宫中标记退路,杀死了米诺陶洛斯,带领其他雅典人逃离迷宫。

佩内洛普(Penelope)是古希腊神话中英雄奥德修斯之妻。奥德修斯(Odysseus)参加特洛伊战争失踪后,她摆脱各种威逼利诱,坚守二十年未嫁,最终与奥德修斯团聚。——译者注

有一位不希望提及其姓名的来信者询问我,是否知晓亚当和夏娃并不是犹太人,而是爱尔兰人。当他们初次相遇时,他们似乎都掀起了对方遮羞的无花果树叶。亚当惊叫:"奥黑尔(O'Hare)!"而夏娃则大喊:"奥图尔(O'Toole)!"①

《乡村烹调和其他一些故事》(*Country Cooking and Other Stories*)是马修斯的一本短篇故事集,1980年由燃烧的甲板(Burning Deck)出版公司出版,这是罗德岛州首府普罗威登斯的一家公司。《当代小说评论》(*The Review of Contemporary Fiction*)杂志将1987年秋季的那一期作为马修斯的专刊,同年11月4—6日,纽约市巴鲁克学院②罗曼斯语族③系资助召开了一次关于潜在文学工坊的文学研讨会。会上有潜在文学工坊作者们的朗读,还有关于几部近期潜在文学工坊著作的演讲和讨论,其中包括马修斯1987年出版的小说《香烟》(*Cigarettes*)。这部引人发笑的、情节错综复杂的小说的不同寻常之处在于,缺乏马修斯早期小说和诗歌中的那些隐藏的结构、微妙的谜题和离谱的文字游戏。托尔斯(Robert Towers)在《纽约书评》(1988年1月21日)上评论《香烟》时,称其"又酷又优雅",并称之为"一部古怪而令人欣喜的小说。"

---

① 奥黑尔(O'Hare)和奥图尔(O'Toole)都是爱尔兰姓名,但其中的"hare"与"hair"(毛发,这里指"阴毛")读音相同,而"Toole"则与"Tool"(工具,俚语中指"阴茎")。——译者注

② 巴鲁克学院是位于美国纽约市曼哈顿区的一所公立大学,隶属纽约市立大学。——译者注

③ 罗曼斯语族是印欧语系中从拉丁语演化而来的现代语言,其中包括西班牙语、葡萄牙语、法语、意大利语等。——译者注

第 8 章

威佐夫取子游戏

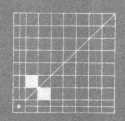

对一种简单的二人游戏进行分析,结果可能会使我们进入数论的各个引人入胜的角落。我们首先来讨论一种迷人的、鲜为人知的游戏,这种游戏只用一个后在国际象棋棋盘上玩。在结束之前,我们将会考察一对值得注意的数列,它们与黄金比例以及广义的斐波纳契数列有着紧密联系。

这种没有传统名称的游戏是1960年前后由艾萨克斯(Rufus P. Isaacs)发明的,他是约翰斯·霍普金斯大学[①]的一位数学家。贝尔格用法语写成的《图论及其应用》(*The Theory of Graphs and Its Applications*)一书在1962年出版了英译本,在其第六章中对这种游戏进行了简要的描述(没有提及国际象棋。我们在前一章中遇到过贝尔格,他是潜在文学工坊的一位成员)。让我们将这种游戏称为"将后逼入角落"(Corner the Lady)。

玩家A将后放在棋盘最上面一行或者最右边一列的任何一个棋格中,这个棋格在图8.1中用灰色表示。后以惯常的方式移动,但只能往西、往南或往西南方向移动。玩家B先走,然后两位玩家交替移动。将后移动到左下角标有五角星那格的那位玩家就是胜方。

---

① 约翰斯·霍普金斯大学是美国的第一所现代研究型私立大学,主校区位于马里兰州巴尔的摩市,1897年根据慈善家约翰斯·霍普金斯(Johns Hopkins,1795—1873)的遗嘱用其遗产建立。——译者注

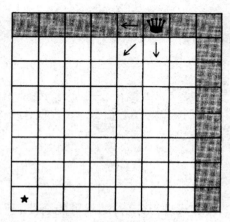

图8.1　艾萨克斯的将后逼入角落游戏

　　和棋的情况不可能发生,因此假如双方都理智地较量的话,A 或者 B 中必定有一方胜出。对一台 HP-97 型打印式计算器或者 HP-67 型便携式计算器进行编程,以进行一场完美的游戏是一件易事。事实上,惠普公司的《HP-67/HP-97 游戏包Ⅰ》(HP-67/HP-97 Games Pac I)一书就附有一张磁盘,提供了这种游戏。

　　从标有五角星的方格开始,反过来做,艾萨克斯以此构造出一种致胜策略:可以在一个无论多大的棋盘上将后逼入角落。假如后处在包含此五角星的行、列或对角线上,那么轮到出招的玩家立即就获胜了。用三条直线来标注这些棋格,如图 8.2 的 A 部分所示。显而易见,从以下这种意义上来说,有阴影的那两个棋格是"安全的":假如你占据其中任何一个,那么你的对手就被迫移动到一个使你能在下一步获胜的棋格。

　　这幅插图的 B 部分显示了我们这种递归式分析中的下一步。再增加 6 条直线,以标明包含先前发现的那两个安全棋格的所有行、列和对角线。这个过程使我们用阴影表示另外两个安全棋格,如图所示。假如你占据其中任何一格,那么你的对手就被迫移动,因此在你下一次移动时,你就要么可以立即获

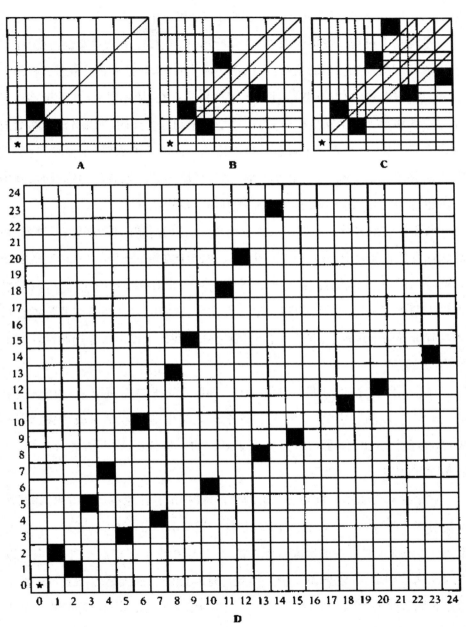

图8.2 （A，B，C）"将后逼入角落"的一种递归式分析；(D) 前九对安全棋格

胜,要么可以移动到更靠近五角星的那对安全棋格中。

重复这个过程,如插图中的 C 部分所示,就会发现第三对安全棋格,于是就完成了对国际象棋盘的分析。现在很明显能看出,玩家 A 通过将后放在最上方一行或最右边一列的阴影棋格中,就总是能获胜。从那以后,他的策略就只是简单地移动到一个安全棋格,而他总是能做到这一点的。如果 A 没能将后放在一个安全棋格里,那么 B 就总是可以依靠相同的策略获胜。请注意,这些致胜走法并不一定是唯一的。有些时候,当稳操胜券的玩家有两种选项时,其中一种也许会使胜利来得晚些,而另一种则可能加速获胜。

我们的递归式分析可以扩展到任何尺寸、任何形状的长方形格子排列。在这幅插图的 D 部分中,显示的是一个边长为 25 个方格的方阵,其中所有的安全棋格都用阴影表示。请注意,它们都关于主对角线对称地成对出现,并且几乎都位于两条成扇形向外延伸到无限的直线上。它们沿着这两条线的位置看起来具有奇异的不规则形。是否存在着某些公式,我们可以用来非递归地计算出它们的位置呢?

在作出回答之前,让我们先借助于一种取走筹码游戏,据说在中国玩这个游戏时给它取的名字是"选石子"。这个游戏又由荷兰数学家威佐夫(W. A. Wythoff)重新发明,他在 1907 年发表了对它的一份分析。在西方的数学中,它被称为"威佐夫取子游戏"。

这个游戏是使用两堆筹码来玩的,每一堆中都有任意数量的筹码。如同在尼姆游戏中一样,走一步就相当于从任意一堆中取走任意数量的筹码。最少要取走一个筹码。如果一位玩家希望的话,他可以把整堆都拿走。一位玩家可以同时从两堆中取(在尼姆游戏中是不允许这样做的),前提是他要从每一堆中取走相同数量的筹码。取走最后一枚筹码的玩家获胜。如果两堆筹码的数量相同,那么接下去那位玩家就将两堆都取走,于是立即获胜。出于这个原因,因此

如果一开始是相等的两堆筹码,那么这个游戏就没有什么意义了。

我们快要有我们的第一个惊喜了。威佐夫取子游戏与将后逼入角落游戏具有完全相同的结构!艾萨克斯发明出将后逼入角落这个游戏的时候,他并不知道威佐夫取子游戏,后来当他得知自己的游戏早在1907年就被解答了,因此大吃一惊。这种结构相同性清晰易见。如图8.2中的D部分所示,我们沿着 x 坐标轴从0开始为这25列标上数字;沿着 y 坐标轴以相同方式为各行标上数字。现在每个棋格都可以给定一个 x/y 数了。这些数就对应于 x 堆和 y 堆中的筹码数。当后向西移动时,x 堆减小。当后向南移动时,y 堆减小。当它向西南对角移动时,两堆都等量地减小。将后移动到0/0棋格,就相当于将两堆都减小到0。

威佐夫取子游戏的获胜策略是要将两堆减小到一对数字,使它们对应于将后逼入角落游戏中一个安全棋格的数字。如果一开始时两堆的数目是安全的,那么第一位玩家就输了。他当然要让留下的两堆能构成不安全的一对,而他的对手总是可以在下一步将它们减小为安全的一对。如果这个游戏是以两个不安全的数字开始的,那么第一位出招者总是能够获胜,方法是将这两堆减小成安全的一对,然后持续地玩出一个一个的安全对。

在一个安全对中,两个数的顺序并不重要。这个条件就对应国际象棋盘上任意两个棋格关于主对角线的对称性:它们具有相同的坐标数字,但其中一对是另一对的逆序。让我们按顺序来取这些安全对,从离0/0最近的那一对开始,然后将它们排成一行,每一对都是较小的数字在其搭档的上方,如图8.3所示。在这些数对的上方写上它们的"位置数"。这些安全对上方的数字构成一个数列,我们会称它为 A。底下这些数字也构成一个数列,我们会称它为 B。

位置 (n)	1	2	3	4	5	6	7	8	9	10	11	12	13	14	15
$A. [n\phi]$	1	3	4	6	8	9	11	12	14	16	17	19	21	22	24
$B. [n\phi^2]$	2	5	7	10	13	15	18	20	23	26	28	31	34	36	39

图8.3　威佐夫取子游戏中的前15个安全对

这两个数列各自都是严格递增的,它们有太多值得注意的特征,因而有数十篇专业技术性论文论述它们。请注意,B 中的每个数都等于它对应的 A 中那个数及其位置数之和。如果我们将 A 中的一个数与它对应的 B 中的数相加,得到的和就是 A 数列中位置数等于 B 的 A 数(举例来说,有 8+13=21。A 数列的第 13 个数就是 21)。

我们已经看到,根据一种递归算法,在国际象棋盘上画直线并给棋格打上阴影,从而以几何方法得到了这两个数列。然而我们能通过一种纯粹数值的递归算法来得出这两个数列吗?

答案是肯定的。从第一个安全对的上方那个数字 1 开始。将这个数字与其位置数相加,就得到底下那个数字 2。下一个安全对的上方数字是之前没有用到过的最小正整数。这个数是 3。下方是 5,它是 3 和其位置数之和。第三个安全对的上方,写着的又是尚未用到过的最小正整数。这个数是 4。它下方是 7,即 4 和 3 之和。以这种方式继续下去,就会产生数列 A 和 B。

这里还有一个额外的收获。我们已经发现了这些安全对最非同寻常的特性之一。从我们上述的过程中显而易见的是,每个正整数都必须在这两个数列中的某个地方出现一次,并且只出现一次。

有没有非递归的方法也能产生出这两个数列呢?有,威佐夫首先发现,数列 A 中的这些数无非就是黄金比例的各倍数舍去小数取整后得到的!(他写道,他像变戏法似地"从帽子里拽出"了这个发现。)

正如本书的大多数读者所熟知的那样,黄金比例是所有无理数中最著名的中间的一个。像圆周率 π 一样,它以一种独特的方式出现在各种似乎不太可能出现的地方。出于如下原因,古希腊数学家们将它称为"极端的、平均的比例"。将一根线段分成 A 和 B 两部分,从而使得长度 A 与长度 B 之间的比例就等于整条线段与 A 之间的比例。这样你就已将这根线段分割成了一个黄金比例。

由于人们普遍认为这是分割一条线段最能令人愉悦的方式,这就导致出现了大量的著作(其中有许多很古怪),都在论述黄金比例在艺术和建筑中的应用。

我们可以通过指定线段 B 的长度为 1 来计算出黄金比例。我们将分割这根线段的方法表达为 $(A + 1)/A = A/1$,这个简单的二次方程式给出 A 的一个正值解为 $(1 + \sqrt{5})/2 = 1.61803398\cdots$,即黄金比例。它的倒数是 $0.61803398\cdots$。黄金比例是唯一具有如下性质的正数:减去 1 后,得到的数就是其原值的倒数;而在加上 1 后,得到的数就是其原值的平方。它的负倒数也同样具有这些特性。在英国,黄金比例通常表示为希腊字母 τ(tau)。我会按照美国的惯例,称之为 ϕ(phi)。

数列 A 中的这些数由公式 $[n\phi]$ 给出,其中 n 是位置数,方括号则表示舍弃小数部分。B 中的那些数可以通过将 A 与其位置数相加得到,不过发现它们原来就是 ϕ 平方的倍数舍弃小数后取整得到的。因此,数列 B 的公式就是 $[n\phi^2]$。每个正整数在这些安全对都出现一次,并且仅出现一次,这个事实可以表达为以下这条值得注意的定理:位于 ϕ 的相继倍数和 ϕ 平方的相继倍数之间的整数所构成的集合,恰好就是自然数[①]集合。

如果两个递增正整数数列一起包含每个正整数恰好一次,那么就称它们是"互补的"。ϕ 并不是产生此类数列的唯一无理数,不过它是唯一为威佐夫取子游戏提供安全对的。1926 年,加拿大数学家贝亚蒂(Sam Beatty)发表了他那令人震惊的发现:任何正无理数都能产生互补数列。

令 k 为无理数,且 k 大于 1。数列 A 由 k 的各倍数舍去小数后得到的整数构成,或者写成 $[nk]$,其中的 n 为位置数,方括号则表示舍弃小数部分。数列 B 由 $k/(k-1)$ 的各倍数舍去小数后得到的整数构成,或者写成 $[nk/(k-1)]$。用这

---

① 这里的自然数集合是 $N = \{1,2,3,\cdots\}$,即正整数集合。——译者注

种方式构造的互补数列被称为贝亚蒂数列。如果 k 等于 ϕ，那么第二个公式给出的就是 $1.618\cdots/0.618\cdots = 2.618\cdots$ 的各倍数舍去小数后得到的整数，而由于 ϕ 的古怪性质，这个数就等于 ϕ 的平方。读者也许会想利用 $k = \sqrt{2}$、π、e 或者任何其他无理数来证实此时贝亚蒂的这两个公式确实能构造出互补数列，而当 k 取有理数值的话，就无法这样做了。

黄金比例出现的时候，斐波纳契数就极有可能必定潜藏在附近。斐波纳契数列是 $1, 1, 2, 3, 5, 8, 13, 21, 34, \cdots$，其中最初两个数之后的每个数都是其前两个数之和。广义的斐波纳契数列也是以相同方式定义的，只不过它最初的两个数可以是任何一对数字。每个由正整数构成的斐波纳契数列都具有这样一种性质：相邻两项的比例越来越接近 ϕ，极限情况下趋近于黄金比例。

假如我们将原本的斐波纳契数列划分成数对：1/2, 3/5, 8/13, 21/34, $\cdots$，那么可以证明每一对斐波纳契数都是威佐夫取子游戏中的一个安全对。在这个数列中没有出现的第一个安全对是 4/7。不过，假如我们从 4/7 开始构建另一个斐波纳契数列，并将它划分成 4/7, 11/18, 29/47, $\cdots$，那么所有这些数对在威佐夫取子游戏中也都是安全的。事实上，这些数对都属于一个被称为卢卡斯数构成的斐波纳契数列，其最初几项为 2, 1, 3, 4, 7, 11, $\cdots$。

想象我们逐个检查安全对构成的无穷数列（按照埃拉托斯特尼筛法[①]筛选出素数的方法），删去所有也在斐波纳契数列中的那些安全对构成的无穷集合。没有被删的最小数对是 4/7。现在我们可以从 4/7 开始，剔除安全对的第二个无穷集合，即卢卡斯数列中的那些对。还余下无穷多个安全对，此时其中最低的是 6/10。这对数也开始了另一个无穷斐波纳契数列，其中的所有数对都

[①] 埃拉托斯特尼筛法（sieve of Eratosthenes）是一种用来找出一定范围内所有素数的算法，其名字来自于古希腊数学家埃拉托斯特尼。

所使用的原理是从 2 开始，逐次剔除每个素数的各个倍数。——译者注

是安全的。这个过程永远延续下去。北卡罗来纳州立大学[①]的数学家希尔伯（Robert Silber）提出，假如一个安全对是构造出一个斐波纳契数列的第一个安全对，那么就把它称为"原初的"。他证明了原初安全对的数量有无限多个。由于每个正整数都在安全对中恰好出现一次，因此希尔伯得出结论说，存在着一个由斐波纳契数列构成的无穷数列，它恰好覆盖自然数集合。

按顺序取原初对 1/2, 4/7, 6/10, 9/15, …，并写下它们的位置数 1, 3, 4, 6, …。这个数列看起来眼熟吗？正如希尔伯指出的那样，它不是别的，正是数列 A。换言之，当且仅当一个安全对的位置数是数列 A 中的一个数字时，这个安全对就是原初的。

假设你正在一个尺寸巨大的国际象棋棋盘上用数目非常大的筹码来玩威佐夫取子游戏，那么要确定一个位置是安全还是不安全，最好的方法是什么？如果你稳操胜券的话，你又该如何完美收官呢？

你当然要利用那两个涉及 φ 的公式来写出一张足够大的安全对的表格，但这种做法在没有计算器的情况下是很难完成的。是否存在一种更简单的方法，可媲美用二进制计数法写下各堆中的数目来玩出完美的尼姆游戏这一玩法？是的，确实存在这样一种方法，不过其中使用了一种类型更为古怪的数字表示法，这种所谓的斐波纳契计数法由希尔伯及其同事盖勒（Ralph Gellar）作了深入细致的研究，还有其他一些数学家也加入了这一行列，例如杜克大学[②]的卡里兹（Leonard Carlitz）。

按照图8.4中所示的那样从右至左写出斐波纳契数列。在其上方从右至左标明位置数。在这张图表的帮助下，我们就可以用一种独一无二方法来将任

① 北卡罗来纳州立大学是美国北卡罗来纳州罗利最大的公立大学，始建于1887年。——译者注

② 杜克大学是位于美国北卡罗莱那州的一所私立大学，创建于1924年，由美国烟草大亨杜克（James Duke, 1856—1925）捐资建立。——译者注

```
 . . . 10   9   8   7   6   5   4   3   2   1
 . . . 55  34  21  13   8   5   3   2   1   1
                   1   0   0   1   0   1   0  =  17
```

图8.4 17的斐波纳契计数法

何正整数表示为斐波纳契数之和。假设我们想要将17写成斐波纳契计数法的形式。找到不大于17的最大斐波纳契数(是13),并在它的下方放置一个1。当我们向右移动时,我们找到下一个加上13后的和不超过17的数。这个数是3,因此在3的下方放置一个1。我们再向右移动时,下一个得到1的是在第二个位置上的那个1。没有用到的那些斐波纳契数下方都写0。

其结果是1001010,这就是17的一种独一无二的表示法。要将其转换回十进制表示法,就将1所在位置处的那些斐波纳契数相加:13 + 3 + 1 = 17。斐波纳契数列中最右端的那个1永远不会被用到,因此用斐波纳契计数法表示的所有数都是以0结尾的。还有一条显而易见的规律是,永远不会有两个相邻的1出现。倘若有两个相邻的1出现,那么它们的和就会等于其左边的下一个斐波纳契数,而根据我们的那些规则,就会将这个数编号为1,而将原先那对相邻的1都编号为0。

在斐波纳契计数法的框架中,一个安全对之和等于它的 B 数字后面附加一个0[①]。由此得到的结论是,得到斐波纳契数列的方法就是从10开始,然后加上0,而有:10, 100, 1000, 10000,…。按照与此相同的程序,就可以用一个原初数对来产生出任何斐波那契数列。例如,以4/7开始的卢卡斯数列就是1010,10100, 101000, 1010000,…。

A 中的每一个数字,如果用斐波纳契计数法来表示,其最右边的1处于从右数起的偶数位置上。B 中的每一个数字都是通过在它 A 中的搭档右边加上0

① 例如说,对于安全对3/5,有:5表示为10000,而 3 + 5 = 8 表示为100000,因而前者最后附加一个0,便是后者。——译者注

而得到的。因此 B 中的每一个数字都满足：它最右边的1处于从右数起的奇数位置上。既然每一个自然数都要么是 A 中的一个数字，要么是 B 中的一个数字，那么我们就有一种简单的方法来确定威佐夫取子游戏中的某一给定位置是否安全了。将这两个数字用斐波纳契计数法表示。如果较小的是 A 中的一个数字，并且加上一个0后会产生另一个数字，那么这个位置就是安全的；反之则不安全。

举一个例子来说明这种方法：8/13=100000/1000000。100000中的1所在的位置是6，一个偶数位置，于是100000就是 A 中的一个数字。加上一个0后产生 $1\,000\,000 = 13$，即8的搭档。我们知道8/13是安全的。如果这时该你走，那么你的对手就胜券在握了。如果你认为他棋艺不精的话，那么就随机地移动一小步，并寄希望于他很快会犯下一个错误。

如果这对数字是不安全的，并且这时轮到你走，那么你如何能够确定你必须走到的安全位置呢？此时有三种情况要考虑。在每种情况下，我们都将不安全的那一对数称为 x/y，其中 x 是较小的那个数字，并且将这两个数字都用斐波纳契计数法写出。

在第一种情况下，x 是 B 中的一个数字。通过移动将 y 减小到一个数字，它等于 x 删去最右的那个数字。例如，$x/y = 10/15 = 100100/1000100$。由于在100100中最右边的1，处于一个奇数位置上，因此它就是 B 中的一个数字。将它的最后一位删去后得到10010=6。你必须（通过从较大那堆中移除）产生的两个安全数字就是10和6。在一张国际象棋盘上，这就对应后平行于 y 轴的移动。

在第二种情况下，x 是 A 中的一个数字，但是 y 大于在 x 后添加一个0所得到的那个数字。通过移动将 y 的值减小到该数，例如 $x/y = 9/20 = 100010/1010100$。由于 x 中最右边的1是在一个偶数位置上，因此它是 A 中的一个数字。添加一个0产生1000100 = 15。这个数字小于20。因此要达到的安全对就是9/15。在国际象棋盘上,这也相当于后沿平行于y轴的移动。

如果这两个数字不符合第一种和第二种情况,那么就作如下处理:

1. 求出x和y之间的正值差。

2. 减去1,将结果用斐波纳契计数法来表示,然后将最后一位数字改成1。

3. 添加一个0,以得到一个数字。添加两个0,以得到第二个数字。这两个数字就是你寻找的那个安全对,尽管结果得到的这两个斐波纳契数也许是"非正则的",因为它们含有相邻的1。

第三种情况的一个例子是x/y =24/32 = 10001000/10101000。这时第一种和第二种情况不适用。24和32之间的差是8。减去1后剩下7。7用斐波纳契计数法来表示是10100。将最后一位数字改成1,就给出了10101。添加0和00后得到安全对 101010/1010100 = 12/20。通过从两堆中都取走12,就可以获得这个结果。这对应于后的对角线移动。

对于希尔伯的这种奇异策略,我们不可能去探其究竟。有兴趣的读者们可在希尔伯1977年的论文中找到证明,那篇论文的题目是《威佐夫取子游戏和斐波纳契表示法》。我也不可能深入说明将威佐夫游戏推广而得到的那些方法,不过关于这种游戏的逆向行形式,或者叫做"赤贫"形式,还是应该补充只字片语:最后出招的一方会输。正如奥贝恩(T. H. O'Beirne)在《谜题与悖论》(*Puzzles and Paradoxes*)一书中所清晰说明的,赤贫形式的威佐夫取子游戏,就像赤贫形式的尼姆游戏一样,只需要对安全对表格做一点微乎其微的修改即可。移除第一对1/2,然后代之以0/1和2/2。赤贫形式的策略完全同标准策略一样,只是在最终你也许不得不玩成2/2或者0/1的形式,而不是1/2。

让我们来按照如下方式修改威佐夫取子游戏。游戏一方可以从任意一堆中取走任意正数枚筹码,或者他也可以从一堆中取走一枚筹码,而从另一堆中取走两枚筹码。你能规定棋盘的样式并确定制胜策略吗?

补遗

图8.5中用灰色标明了用王、车和象来玩的尼姆游戏中的那些安全棋格。由于象不能合理地从不在主对角线上的任意方格移动到目标,因此用象玩的游戏就变得不值一提了。如果我们把象局限在这条对角线上,那么第二个玩家显然就会在标准游戏中获胜而在逆向游戏中失利。

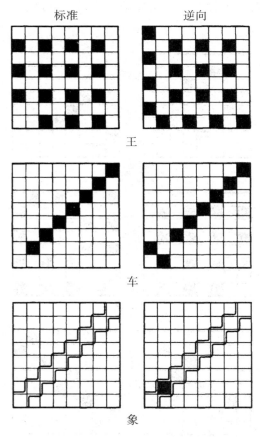

图8.5　用王、车和象玩的尼姆游戏

我们可以忽略把后和王、后和象、后和车或者车和象的走法结合在一起的
这些情况，因为由这些组合得到的棋子显然都等价于后。图8.6中展示了超级
后或亚马孙（后—马）、超级王（王—马）、王—车（在日本将棋中有这样走法的
一枚棋子，叫做龙王），以及王—象（日本将棋中的龙马）的安全棋格。在所有情
况下，我们都假定一枚棋子只能够向西、向南或向西南移动。

　　将象和马的走法组合在一起产生的棋子，就是一些灵仙象棋爱好者所谓
的"方丈"，其他人则称之为"公主"。阿拉塔（Christopher Arata）寄来了对在各种
不同规则下玩尼姆类型游戏的一份详细分析，其中这枚棋子是在一张无限大

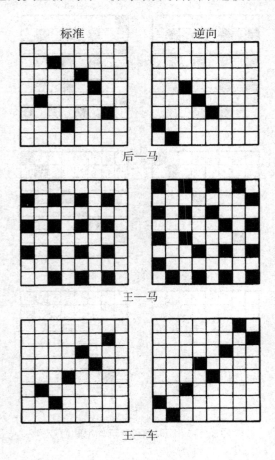

后—马

王—马

王—车

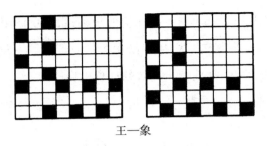

王一象

图8.6 具有组合走法的棋局的安全棋格

棋盘上移动。假若我们将游戏场地局限于有可能移动到目标方格的那些棋格，那么图8.7上排显示的就是标准玩法和逆向玩法中的那些安全棋格。阿拉塔建议允许方丈不仅可以向西南移动，还可以向东南移动。在这种情况下，安全棋格就是插图中下排显示的那些。要将这些模式推广到无限大棋盘的情况，此时应如何来规定规则，还不得而知。

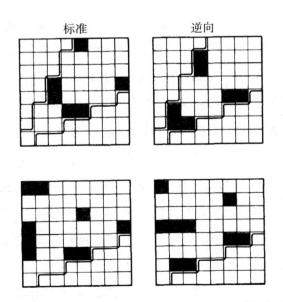

标准　　　　　　　逆向

图8.7 安全棋格：(上排)可以向南、西和西南移动的方丈(象—马)
　　　　(下排)增加了向东南移动

159

当然,所有这些游戏都具有一些相应的规则,用来玩使用两堆筹码的尼姆游戏。许多读者指出了一些方法,用以简化希尔伯计算威佐夫取子游戏中的制胜策略时所采用的算法,从而得出高效的计算机程序。

这一问题是要分析一种(类似尼姆游戏的)游戏,玩家可以从两堆中的任意一堆取筹码,或者从一堆中取走一枚筹码而从另一堆中取走两枚。最后出招的一方会得胜。在本章解释过的那种无限大棋盘模型中,第一条规则就等价于向西或向南像车那样移动,而第二条规则就等价于像马那样向西南方跳。因此这个取走的游戏就与将一枚象棋子逼入角落的游戏同构,不过这枚棋子既能像车那样走,又能像马那样跳。在非正统的国际象棋(或者也叫做"灵仙"象棋)中,这样的一枚棋子有时被称为"首相",有时也被称为"后"。

如果棋子只能像车那样移动,那么这个在国际象棋盘上玩的游戏就等同于用两堆筹码玩的标准尼姆游戏。安全对就是任意两个相等的正整数。它们对应于棋盘通过0/0和7/7这两个顶角棋格的那条主对角线上的那些棋格。放置车(可放置在最上面一行或者最右边的一列)的一方只有将它放在7/7才能获胜。因此他的策略总是要移动到对角线上。在取走游戏中,这就意味着保持两堆等同。安全对简单地就是1/1, 2/2, 3/3, …。

出乎意料的是,假如给予车额外的马的走法,对这种策略也不会带来任何影响。应用先前解释过的递归技巧,我们就可以发现,那些

安全棋格(或者安全对)与用车玩的游戏中完全相同。

车—马取子游戏的赤贫形式(即走最后一步的一方失利)就更加有趣了。此时安全对是0/1, 2/3, 4/5, 6/7, …。在一张国际象棋棋盘上,这些无条理的数对就是在图8.8中用灰色标明的那些棋格。"放置者"胜券在握,但是他必须将这枚车—马放置在一个与那些灰色棋格相毗邻的右上角的棋格中。其后,他通过移动去占据一个安全棋格。这种程序最终将他带到0/1或1/0,从而迫使他的对手走最后一步。

你也许会喜欢用一张标准国际象棋棋盘来分析,当放置的棋子具有其他棋子的走法时的那种游戏。在每一种情况下,棋子的移动方向都将局限于向西、向南和向西南。具有后和马走法的棋子称为"超级后"或者"亚马孙",此时就意味着标准形式和逆向形式中放置者要输棋了。对于标准形式中的放置者而言,放置一枚王会导致失利,但在赤贫形式下却会获胜。假如这枚棋子是王—马或者王—车,那么同样的结果也会出现。倘若放置的这枚棋子是王—象,那么放置者在两种类型的游戏中都会获胜。

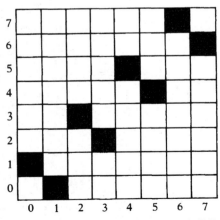

图8.8 逆向车—马取子游戏的安全棋格

第 **9** 章

台球三角形和其他几道题目

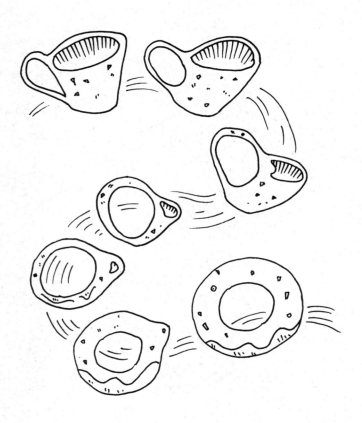

1. 台球三角形

纽约州水牛城的西歇尔曼（George Sicherman）上校告诉我，大约10年前，当他正在观看一场落袋台球比赛时，突然想到了下面这道题目：是否有可能在赛事开始前，将15个球摆放成通常的三角形结构，而使它们形成一个"差值三角形"？所谓球的"差值三角形"是指其编号，从1到15这些球排列成三角形，而使得每一对数字下方的那个数都是这对数字之间的正值差。

从图9.1中明显可见，如果用标号为1、2、3的3个球来玩的话，这道题目是

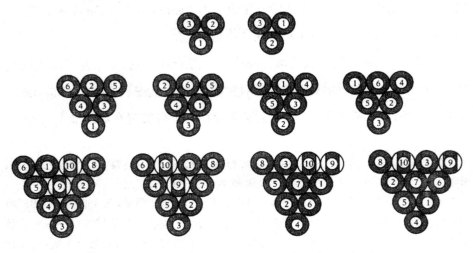

图9.1 用3个、6个和10个台球构成的差值三角形

不值一提的,此时明显有两种解答。这张插图中还展示了用6个球摆出的4种解答和用10个球摆出的4种解答。令西歇尔曼吃惊的是,15个台球只有一种基本解。(当然可以将其翻转。)你能找出这个解吗?

首先探究偶数和奇数排列成的三角形图案,看看哪些排列模式恰好有8个奇数点和7个偶数点,这样做就在相当程度上简化了寻求解答的过程。用不了多久就会发现,对于三角形的最上面一排,只有5种排列方式:EEOEO、OEEEO、OOOEE、OOOOE和OOEEO(E表示偶数,O表示奇数)。15号球显然必须放在最上面一排,而14号球则必须在同一排,或者在15和1的下方。还有其他一些妙计会提高穷举式分析的效率。

这道题目与斯坦豪斯[①]在他的《一百道初等数学题目》(*One Hundred Problems in Elementary Mathematics*,Dover,1979,这是早期一个波兰文版本的英译本)一书中提出的一道题目相关。假定有一个由偶数个点构成的三角形阵列,是否总是有可能构成一种偶数—奇数差值模式,在其中的偶数点个数等于奇数点个数?这道题目在10年多的时间里一直不得其解,直到哈博特(Heiko Harborth)在《组合论杂志A辑》1972年第12期(*Journal of Combinatorial Theory* (*A*), 12, 1972)的第253—259页证明了这是可能的。

就我所知,对于我们也许可以称作的一般台球问题,至今还没有人研究过。给定任意三角数[②]的球,从1开始对它们相继编号,是否总是有可能构成一个差值三角形?如果不能的话,那么是否存在一个可实现有解的最大三角形?

---

① 斯坦豪斯(Hugo Steinhaus, 1887—1972),波兰数学家和教育家,研究领域包括泛函分析、几何、数理逻辑、三角学等,是博弈论和概率论的早期奠基人之一。——译者注

② 一定数目的点在等距离的排列下可以形成一个等边三角形,这样的数被称为三角形数或三角数。例如1、3、6、10…可排列成 ⦁ ⦁⦁ ⦁⦁⦁ ⦁⦁⦁⦁…参见《数学奇观——让数学之美带给你灵感与启发》第4.5节,涂泓译、冯承天译校,上海科技教育出版社,2015年。——译者注

如果存在这样的最大三角形,那么它又是怎样的?我们现在知道,就奇数—偶数模式的这类解答而言,对于一切由偶数个球构成的三角形都存在。对于一切由奇数个球构成的三角形,这些模式是否也存在?

对于能成功解答出那道15个球题目的读者,让我来为他们增添下面这道玩笑题目。假设这些球标有从2到30这15个连续偶数。是否有可能将这个集合排列成一个差值三角形?

2. 环形同类相食

环面是一个形如甜甜圈的表面。想象一个环面是由橡胶做成的。众所周知,假如在这样一个环面上有一个洞,那么这个环面就可以通过这个洞把里面翻到外面。

澳大利亚莫纳什大学[①]的数学家史迪威(John Stillwell)提出了下面这道题目。两个环面A和B如图9.2所示套在一起。B上有一张"嘴"(一个洞)。我们可

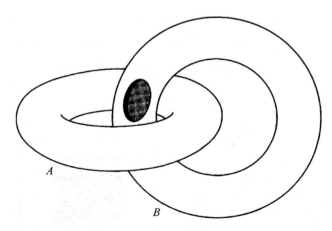

图9.2 环面B能吞下圆环面A吗?

---

① 莫纳什大学是位于澳大利亚墨尔本市的一所综合大学,创建于1958年,现学生数居澳大利亚首位。——译者注

以对这两个环面中的任何一个随心所欲地进行任意的拉伸、压缩和形变操作，不过当然不允许有任何撕裂行为。B能吞下A吗？结束时，B必须恢复其初始的形状，不过它会比原来大些，而A则必须整个在B的内部。

3. 探究四元组

1976年在趣味数学方面最具有轰动效应的新闻，无疑是伊利诺伊大学的两位数学家宣告：他们已经证明了四色地图猜想。这个著名的猜想与拓扑学中一条比较简单的定理常常混淆在一起，而后者是很容易证明的。这条拓扑学中的定理陈述的是平面上不可能有四块以上的区域共享一条边界。巴克利（Michael R. W. Buckley）在《趣味数学杂志》（*Journal of Recreational Mathematics*）1975年8月的那期上提议用四元组这个名称：如果有四个单连通的平面区域，其中任意两个区域，其共同边界都是有限长的，那么就将这四个平面区域命名为一个四元组。

图9.3中左侧的那个四元组中没有洞。请注意，其中只有三个区域是全等的。右侧的那个四元组具有四个全等的区域和一个大洞。巴克利问道，是否有可能构建出一个具有四个全等区域而又没有洞的四元组呢？

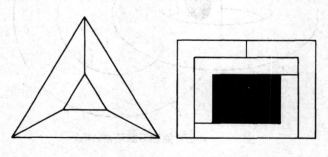

图9.3　一对四元组

这个问题得到了斯坦福大学[①]学生金(Scott Kim)的肯定回答。他的结果尚未发表,因此我很感激他允许我在此写出其中一些内容。

图9.4中显示了用四个全等六边形给出的一种解答。是否可以用少于六条边的多边形来解答,或者是否存在一种外边界为凸形的解答,我们都不得而知。

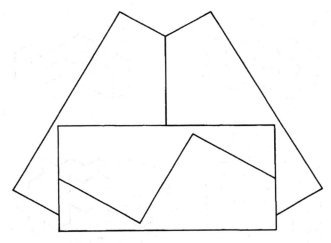

图9.4　由全等六边形构成的一个四元组

图9.5中的A部分显示的是用全等的4阶多联正六边形给出的一种解答(多联正六边形是由多个全等的正六边形连接构成的图形)。容易证明,不可能用更低阶的多联正六边形来给出任何解答。

这张插图的B部分显示的是用全等的10阶多联正三角形给出的一种解答(多联正三角形是由多个全等的等边三角形连接构成的图形)。是否存在能用更低阶的多联正三角形给出的解答,现在还不知道。

这张插图的C部分显示的是用全等的12阶多联正方形给出的一种解答

---

① 斯坦福大学是位于美国加利福尼亚州斯坦福市的一所私立研究型大学,创建于1891年。——译者注

（多联正方形是由多个全等的正方形连接构成的图形）。是否存在能用更低阶的多联正方形给出解答，现在还不知道。

这张插图的D部分显示一种解答，它使用由一些全等的小片构成的图形，它具有双侧对称性，且有双侧对称的边界。是否存在一种用较少边的多边形构成这样的解答？

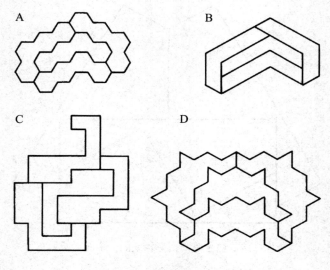

图9.5 各种各样的四元组解答

自从1870年代以来，我们已经知道在三维的情况下，可以将无限多个全等立体形组合在一起，从而使其中的每一对立体都共有一块表面的一部分。对于不熟悉这一结论的那些读者，这里有一道多联立方体的题目（多联立方体是多个全等的立方体连接构成的图形）。试证明如何将无穷多个全等多联立方体连接在一起，并且在内部没有空洞的情况下，使得每一对多联立方体都共有一块表面的一部分。这样一种结构表明：要为任何三维"地图"着色，那就需要无限多种的颜色。

4. 骑士和无赖

如果你定期阅读我为《科学美国人》撰写的专栏，那么你就会熟悉纽约市立大学①的数学家斯穆里安(Raymond Smullyan)提出的那些出色的国际象棋问题，这位数学家还提供了下列四道吸引人的逻辑谜题，其中涉及一些骑士和无赖，可能还有其他一些人。在所有这四道题目中，骑士总是说真话，而无赖则总是说谎。

A 说："B 是一位骑士。"

B 说："A 不是一位骑士。"

试证明他们之中有一人在说真话，但此人不是一位骑士。

A 说："B 是一位骑士。"

B 说："A 是一个无赖。"

试证明要么他们之中有一人在说真话，但此人不是一位骑士，要么有一人在说谎，但此人不是一个无赖。

在上面这两道题目中，我们必须考虑到一位说话者既不是骑士也不是无赖的可能性。在接下去两道题目里涉及三人，其中每个人要么是骑士要么是无赖。

C 说："B 是一个无赖。"

B 说："A 和 C 是同一类人（都是骑士或者都是无赖）。"

那么，A 是什么人？

A 说："B 和 C 是同一类人。"

有人问 C："A 和 B 是同一类人吗？"

此时，C 如何回答？

———————————
① 纽约市立大学是纽约市的公立大学系统的总称。是美国最大的公立大学系统之一，创建于1847年。——译者注

5. 迷路的王的旅程

数年前,金提出了他所谓的"迷路的王的旅程"这一游戏。这是王在一块小型国际象棋盘上展开的旅程,其规则是:

第一,王必须走到每个棋格一次,而且仅一次。

第二,王在每次移动后必须改变方向,也就是说它不能朝着同一个方向连续两次移动。

第三,在王走过的这一路线上,其自交叉点的数量必须最小化。

图9.6中的 A 部分显示了在一块3×3棋盘上,从棋格 A 到棋格 B 唯一可能的旅程。这条路线上有一处交叉,并且这条路线是唯一的,当然它关于主对角线的映像不作为一条新路线。在这块棋盘上不可能做到一次闭合旅程。在4×4棋盘上,很容易找到一些没有交叉点的闭合旅程。要在5×5棋盘上完成一次闭合旅程,很可能需要两个交叉点。在更大的棋盘上,这道题目就没那么有趣了,因为人们相信,从任何一个棋格出发到达任何一个其他棋格,总是有可能实现没有交叉点的闭合旅程和没有交叉点的非闭合旅程。

这里有金设计的两道美妙的旅程问题:

在插图B部分所示的4阶棋盘上,找到一条从 A 点出发到 B 点的迷路的王的旅程,路径上的交叉点少到只有三个。解答是唯一的。

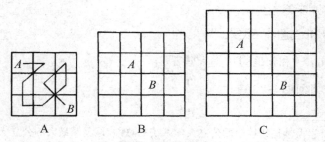

图9.6 在三块不同大小棋盘上展开的迷路的王的旅程

在插图C部分所示的5阶棋盘上，找到一条从A点出发到B点的迷路的王的旅程，路径上的交叉点少到只有两个。这道题目异乎寻常地困难。金不知道他自己找到的一个解答是否是唯一的，也不知道这道题目能否作出只有一个交叉点的解答。

6. 斯坦纳椭圆

这道陈年老题要回溯到斯坦纳（Jakob Steiner）这位19世纪著名的瑞士几何学家。我重新将它提出来的理由在于，有时一道题目用微积分或者解析几何都难以解答，但是如果以正确的思维方式，再加上一些基本的平面几何及投影几何来处理，这道题目就会简单到不像话，而这道老题目，正是我所知道的这种情况的最佳例子之一。

给定一个边长分别为3、4、5的三角形。它的面积是6个平方单位。我们希望计算两个面积：能够外接于它的最小椭圆面积和能够内切于它的最大椭圆面积。

7. 不同的距离

在一个3×3的西洋跳棋棋盘上，在棋格中放置3枚筹码，从而使得其中任意一对筹码之间相隔的距离都不相同，这很容易做到。我们假设每一枚筹码都标志着一个棋格的精确中心点，并且假设距离是用连接两个中心点的线段来度量的。不计旋转和翻转的话，共有5种解答，它们都显示在图9.7的上半部分中。

在一块4×4的棋盘上放置四枚筹码，从而使得各对筹码之间相隔的距离都不相同，这也很容易做到。共有16种方式来做。在一块5×5的棋盘上，这个数字就跃升到了28。

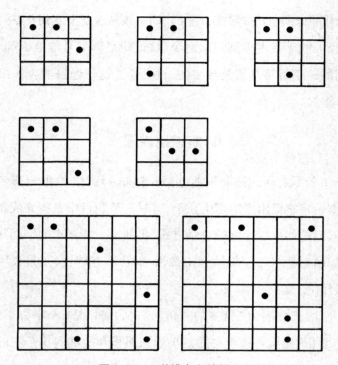

图 9.7　一道排布点的题目

在 1972 年 1 月一期的《趣味数学杂志》上,克拉维茨(Sidney Kravitz)寻求 5 阶和 6 阶正方形的解答。结果证明 6 阶正方形的解答很困难,这是因为边长为 3、4、5 的直角三角形(最小的毕达哥拉斯三角形)首次介入其中。5 这个整数距离现在既可能是横、竖的距离,也可能是对角线距离,这个情况就极大地限制了能实现的模式。正如那一期杂志的读者们所发现的那样,此时只有两种解答方式。它们展示于图 9.7 的下半部分。

哪些边长为 n 的正方形,有可能放置 n 枚筹码,从而使得各对筹码之间相隔的距离都不相同呢?在这份杂志 1976 年秋季那一期的报告中,穆森(John H. Muson)证明(他利用了一种鸽巢原理的论证方法),在 16 阶以及更高阶的正

方形上不可能找到解。尼尔森(Harry L. Nelson)将这个下限降低到了15。格林(Milton W. Green)利用一个穷举搜索计算机程序,证实了8阶和9阶不可能有解,并且为7阶找到了唯一解。《大众电脑运算》(*Popular Computing*)期刊的编辑巴布科克(David Babcock)确证了直至8阶的这些结论。这道题目最终在1976年被比勒(Michael Beeler)盖棺定论。他的计算机程序证实了上文指出的这些结论,并且证明了从10阶到14阶都不可能有解。

因此,7阶的棋盘就是存在解的最大棋盘。其解答是唯一的,而且如果不用计算机的话是极难找到这个解的。尽管如此,去探寻一下还是很有乐趣的。

8. 一个打油诗悖论

英国的《游戏和谜题》月刊上登载过古老的说谎者悖论①的一种有趣变体。我们把它作为四首"打油诗"(Limerick)②的最后一首转载在此。

> There was a young girl in Japan
> Whose limericks never would scan.
>   When someone asked why,
>   She said with a sigh,
> "It's because I always attempt to
> get as many words into the last
> line as I possibly can."
>
> Another young poet in China
> Had a feeling for rhythm much fina.
>   His limericks tend
>   To come to an end
> Suddenly.
>
> There was a young lady of Crewe
> Whose limericks stopped at line two.
>
> There was a young man of Verdun.

---

① "说谎者悖论"也称为"埃庇米尼得斯悖论",是指一个说谎者声称自己正在说谎。它最初的形式,是公元前6世纪古希腊克里特岛哲学家埃庇米尼得斯(Epimenides)说的:"所有克里特人都是说谎者(All Cretans are liars)",而他自己就是克里特人。——译者注

② Limerick 是一种诗歌形式,尤指五行打油诗。Limerick 是爱尔兰的一个城市,这种诗体的最早使用是18世纪的"Won't you come to Limerick",因而得名。——译者注

从前在日本有一个年轻女孩

她的打油诗从来不会符合格律。

　　当有人问她为什么时，

　　她叹息一声说道：

"这是因为我总是企图

把尽可能多的词

留到最后一行。"

在中国另有一位年轻诗人

他对韵律的感觉要精细得多。

　　他的打油诗倾向于

　　在结尾处

戛然而止。

从前克鲁郡有一位年轻女士

她的打油诗结束在第二行。

从前在凡尔登有一位年轻人

● ● ● ● ● ● 补 遗 ● ● ● ● ● ●

　　将台球的那道题目推广到 n 阶三角形，所有球上标有从 1 开始相继的数字，这个问题已经解决了。泰勒（Herbert Taylor）发现了一种精巧的方法，用以证明用 9 阶或更高阶的三角形阵列无法构建出任何绝对差值三角形（triangle of absolute differences，缩写为 TAD）。计算机程序排除了 6 阶、7 阶和 8 阶的绝对差值三角形。因此用 15 个台球能够得到的唯一解就是这一类型的最大绝对差值三角形。

特里格在《趣味数学杂志》(1976—1977年第9卷,第271—275页)上发表论文《绝对差值三角形》,证明了5阶三角形的唯一性,并且讨论了它的一些不同寻常的特征,例如在它的左边是5个相继的数字。基于计算机获得的一些结果和某些论证,他推测(结果证明是正确的)不存在高于5阶的绝对差值三角形。就我所知,此推测正确性的唯一已发表的证明,由 G. J. 常、M. C. 胡、K. W. 李和 T. C. 谢(G. J. Chang, M. C. Hu, K. W. Lih and T. C. Shieh)在台湾台北中央研究院的《数学研究所会刊》(*Bulletin of the Institute of Mathematics, Academia Sinica, Taipei, Taiwan*)1977年第5卷第191—197页上的《精确差值三角形》一文中给出。

此外,特里格还证明:任何由相继整数构成的绝对差值三角形都必须从1开始,并且前 n 个相继整数(其中 n 是该三角形的阶数)中的每一个都必定处在不同的水平行上。由此得出的结论是,位于三角形最下端角上的那个数字就不可能超过 n。

1977年担任《趣味数学杂志》编辑的尼尔森提出了一道更具一般性的题目。是否存在一个5阶绝对差值三角形,它是由1到17这个集合中的整数构成的?他的计算机程序找到了15种解答。如果这些数被局限于从1到16这个区间,那么除了从1到15的那个解答外,还有两种解答。在不用8的情况下,最上方一排是5, 14, 16, 3, 15。在不用9的情况下,最上方一排是8, 15, 3, 16, 14。

格罗姆(Solomon W. Golomb)提出了三道新题目,供进一步研究:

1. 假如在一个高于5阶的TAD中的所有数字都互不相同但又不相继,那么其中的最大数字必须为多大?(例如:一个最大数字是22的6阶TAD是有可能构成的。)

2. 用从1到 k 的所有数字,允许重复,在一个 n 阶TAD中 k 可以有多大?(例如:有可能构成一个 k 等于20的6阶TAD吗?)

3. 要构成一个模 m 的 TAD,其中 m 是这个三角形中的元素个数,并且其中的数字是从 1 到 m 相继的,这样的 TAD 可能有哪些阶数?每个差值都表示为模 m。可以将这样的三角形进行旋转,从而使得最上排之下的每个元素都是其上方两数之和(模 m)。下列是 4 种 4 阶解答旋转后的形式。

1 6 9 4	2 7 8 3	6 1 4 9	7 2 3 8
7 5 3	9 5 1	7 5 3	9 5 1
2 8	4 6	2 8	4 6
0	0	0	0

格罗姆和泰勒用一个回溯程序,证明了 5 阶的情况下无解。发明了原来台球题目的西歇尔曼上校报告说,用计算机证明了不可能存在 6 阶的解答。更高阶的情况仍然悬而未决。

安曼、弗雷德里克森(Greg Frederickson)和卢瓦耶(Jean L. Loyer)分别找到了一个具有双侧对称性的、18 边的多边形四元组(见图9.8),因而就把我发表的那种 22 边的解答推进了一步。

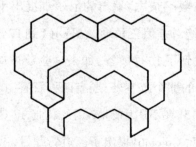

图9.8 一个具有双侧对称性、18 边的四元组

埃尔德什[①]提醒我注意他与盖伊共同撰写的一篇论文《格点之间的不同距

---

① 埃尔德什(Paul Erdös,1913—1996),匈牙利数学家,迄今发表论文最多的数学家。可参阅《数字情种——埃尔德什传》(*The man who loved only numbers*),霍夫曼著,章晓燕、米绪军、缪卫东译,上海科技教育出版社,2009年。——译者注

离》[《基础数学》(*Elemente der Mathematik*)]1970 年第 25 卷第 121—133 页），他们在其中给出了 7 阶矩阵的解答，并证明在更高阶的情况下不存在任何解答。他们提出了好几个相关的、尚未解决的问题，例如：如果给出一些格点，使得它们有不同的距离，并且其排布形式使得在不重复一段距离的情况下就无法增加任何一个点，那么这些格点数量的最小值是多少？

当排布的点不仅限于格点时，在组合几何学中我们有一道著名的未解之题。在欧几里得平面上的 n 个点，由它们能确定的不同距离的最小数量是多少？ 金芳蓉[①]在论文《由平面上 n 个点确定的不同距离数目》[《组合论杂志 A 辑》(*Journal of Combinatorial Theory* (*series A*) 1984 年第 36 卷第 342—354 页]中引用了一些早先的文献，其中追溯到埃尔德什 1946 年提出的那道题目。在证明中附加的一条脚注给出了 $n^{4/5}$ 这个最负盛名的下限。这个下限会在金芳蓉、塞迈雷迪(E. Szemerédi)和特罗特(W. T. Trotter)即将出版的一篇论文中加以讨论。

在我当时写完那个关于长度递减的打油诗的专栏时，我把那首只有一行的打油诗称为"四首中的最后一首"。有许多人都告诉我应该将它称为五首中的倒数第二首，而考夫曼(Draper L. Kauffman)、利特尔(John Little)、麦凯(John McKay)、内雷尔(Thomas D. Nehrer)和维伯(James C. Vibber)是其中最先提出这一点的。当然第五首确实是一行也没有，这就是为何其他读者没能注意到这一点的原因。

加拿大不列颠哥伦比亚省甘斯港的莱特(Tom Wright)写道："我对那个打油诗悖论很有兴趣，尤其感兴趣的是那些长度递减的两行和一行打油诗。事实上，我当时很想知道你是否曾加上那首一行也没有的打油诗（关于那个来自尼

---

① 金芳蓉(Fan Chung, 1949—　)是出生于台湾的数学家，主要研究领域是图论，她的学术论文均署名 Fan Chung。——译者注

泊尔的人),于是我仔细查找,看它是否不在那里。在检查过程中,我最初的念头是假设它确实不在那里,因为当时没有留下任何印刷空间了,不过进一步的细想却提示我,一首一行也没有的诗不需要任何空间,因此它也许事实上就在那里。由于我无法使用任何逻辑证明来解决这个悖论,因此这才使我无可奈何地向您请教了,请问在这个没有提供的空间中,是否没有印刷一首一行也没有的打油诗,还是反之?"

答　　案

1. 除了翻转的情况以外,图9.9给出了用15个台球做这道题目时的唯一解答。提出这道题目的是水牛城纽约州立大学的西歇尔曼上校,他用计算机发现,对于6阶、7阶和8阶的类似三角形,不存在任何解答。西歇尔曼还发现了一种简单的奇偶性证明,表明对于所有 $2^n - 2$ 阶,其中 n 大于2,都不可能有解。

以下我们就6阶的情况(即最小的情况下),来说明如何进行这种证明。将三角形最上排称为 a, b, c, d, e, f。由于(模2)相加就等同于

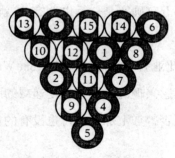

图9.9　台球问题的解答

相减,因此我们可以通过相加来表达其他各数(模2)。第二排是 $a + b, b + c, c + d, d + e, e + f$。接下去一排开头为 $a + 2b + c, b + 2c + d, \cdots$。按照这种方式继续到最下方一个数字,这个数是 $a + 5b + 10c + 10d + 5e + f$。这个三角形中包含6个 a、20个 b、34个 c、34个 d、20个 e 和6个 f。所有这些数都是偶数,因此这个三角形是偶数性的。然而,这个三角形中又包含着11个奇数和10个偶数,这就使它具有奇数性,由此我们就得出了一个矛盾。

帕斯卡三角形[①]的第七排(1, 7, 21, 35, 35, 21, 7, 1)中的各数减掉1后,正好是上文的这排数字(6, 20, 34, 34, 20, 6)。西歇尔曼的一般性证明依据的是下面这条著名的定理:帕斯卡三角形中只有编号为 $2^n - 1$ 的那些行才完全由奇数构成。

特里格(Charles W. Trigg)除了证明其他一些事情以外,还证明了相继数字构成的每一个绝对差值三角形都必定以1为其最小数字。他的推测是,除了上个月给出和此处给出的11个之外,不存在任何其他此类三角形。作为一个玩笑,上文中曾请大家用标有从2到30这些偶数的15个球来构建一个差值三角形。只要将图中显示的解答的每个数字都翻倍,我们就立即得到了唯一的排列模式。

2. 可以用两种完全拓扑不同的方法来将一个环面放入另一个环面内部:处于内部的那个环面可以围绕外面那个环面的洞,也可以不围绕。

---

① 帕斯卡三角形,也称为杨辉三角形,是二项式系数的一种写法,形似三角形,第一排是一个1,第二排是两个1,接下去各排两端为1,中间各数等于其左上方和右上方两个数之和。——译者注

如果两个环面套在一起，并且其中之一有一张"嘴"，那么它是无法吞下另一个环面而使后者在第二种意义上处于它内部的。这个结论可以通过以下方式来证明：在每个环面上都画一条闭合曲线，使得这两条曲线是以一种简单方式套起来的。即使再怎么变形，也无法将这两条曲线解套。然而，倘若一个环面能够用题中描述的方式吞下另一个环面，那么也就能够把吞食的环面通过它的嘴吐出来，于是这两个环面就会解套了。这个结果还会使那两条闭合曲线也解套。由于使它们解套是不可能发生的，因而这种同类相食也就不可能发生。

不过，有嘴的那个环面能够吞下另一个环面而使后者在上文所解释第一种意义上处于它内部。图9.10中明示了如何能做到这一点。在这个过程中，吞食同类的那个环面必须得把里面翻到外面。

要理解这里发生了什么，一种好方法是：想象将环面B不断收缩，直至它变成环绕着A的一根涂色带。通过B的嘴将其里外翻转。这根涂色带被翻到了里面，但是这样做的结果是，它变成环绕着A的那个洞了。将这根环带重新扩大成一个环面，于是你就得到了这一连串动作的最后一个图像。

3. 图9.11明示了如何将两个全等的多联立方体（一个灰色另一个透明）组合在一起。通过扩展其末端，可以将任意有限数量这样的部件用这种方式嵌套在一起，从而使得其中每一对都在以下意义上相互"接触"：它们享有一个共同的表面，并且内部不存在任何洞。扩展到无穷的情况，无穷多的全等多联立方体（具有无穷高阶）都可以相互"接触"。

如果我们放弃全等的要求，但是加上凸面的要求，那么大约从

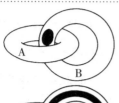

1. 嘴开始张开。

2. 嘴拉长变成巨大的咧嘴笑容。

3. 笑容拉宽，直至这个环面变成两根连在一起的环带。

4. 将水平的那根环带扩大，竖直的那根环带缩小。

5. 竖直的环带拉宽，并缓慢包围受害者。

6. 闭上嘴。

图 9.10　一个环面如何吃掉另一个环面

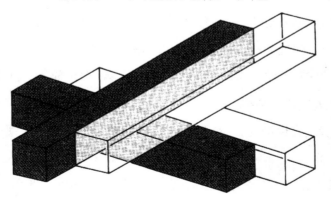

图 9.11　多联立方体问题的解答

1900年以来我们就知道,无穷多的非全等凸立体都可以相互"接触"。我们还不知道无穷多的全等凸立体是否能够相互接触,但是金最近表明了(虽然没有发表)如何用任意大有限数量的此类立体来完成这种排列。

4. 斯穆里安的四道逻辑题解答如下:

(1) A 要么在说真话,要么在说假话。假设他说的是真话。那么 B 就是一位骑士,当 B 说 A 不是一位骑士时,是在说真话。在这种情况下,A 是在说真话,但并不是一位骑士。

假设 A 在说谎。那么 B 就不是一位骑士。然而,当 B 说 A 不是一位骑士时,他就是在说真话。因此在这种情况下,B 在说真话,但并不是一位骑士。

(2) B 要么在说真话,要么在说假话。假设他在说真话。那么 A 就是一个无赖,当 A 说 B 是一位骑士时,必定是在说谎。在这种情况下,B 是在说真话,但并不是一位骑士。

假设 B 在说谎。那么 B 就肯定不是一位骑士。因此当 A 说 B 是一位骑士时,他必定是在说谎。既然 B 是在说谎,那么 A 就不是一个无赖。在这种情况下,A 是在说谎,但并不是一个无赖。

(3) B 要么是一位骑士,要么是一个无赖。假设他是一位骑士。那么正如 B 所说的那样,A 和 C 必定是同一类人。当 C 说 B 是一个无赖时,他就是在说谎。因此 C 是一个无赖。如果 C 是一个无赖,那么 A 也必定如此。

假设 B 是一个无赖。那么 A 和 C 就不是同一类人。当 C 说 B 是一个无赖时,他是在说真话,从而 C 必定是一位骑士。由于 A 和 C 不是同

一类人,因此 A 必定是一个无赖。在两种情况下,A 都是一个无赖。

(4)斯穆里安对这道题目的解答多少有点冗长,因此我会满足于列出一个提要。A 和 B 是下列几种组合之一:骑士—骑士、无赖—无赖、骑士—无赖、无赖—骑士。对每种情况逐一分析都会说明,无论 C 是一位骑士还是一个无赖,他必定作出肯定回答。

(5)这两种迷路的王的旅程,其解答都显示在图9.12中。第一种旅程是唯一的,第二种也几乎是唯一的。按照虚线指示的那样修改左下角的路径,就可以得到另一种模式。

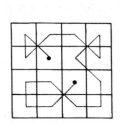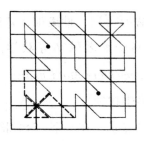

图9.12 迷路的王旅程的解答

6. 这道椭圆的题目给出的时候是针对边长为3、4、5的三角形,但是我们会针对任意三角形来解答它。

能够内切于一个等边三角形的最大椭圆是一个圆,而能够外接于一个等边三角形的最小椭圆也是一个圆。通过平行投影,我们就可以将一个等边三角形变形为一个任意形状的三角形。在做到这一点后,内接圆和外接圆就都变成了偏离圆形的椭圆。

原三角形的面积与这两条闭合曲线的面积分别的比例,都不随平行投影而改变,因此对于通过投影产生的任意三角形而言,由投影得到的这两个椭圆都会具有此时的最大面积和最小面积。换言之,能够外接于任意三角形的最小椭圆面积与该三角形面积之间的比例，就等于一个圆的面积与其内接等边三角形面积之间的比例。同样，能够内切于任意三角形的最大椭圆面积与该三角形面积之间的比例，就等于一个圆的面积与外切等边三角形面积之间的比例。

容易证明，内切圆与三角形之间的比例是 $\pi/3\sqrt{3}$，而外接圆与三角形之间的比例是这个数字的4倍。将这个结论应用于边长为3、4、5的三角形，就得到最大内切椭圆的面积等于 $2\pi/\sqrt{3}$，而最小外接椭圆的面积等于 $8\pi/\sqrt{3}$。

如果你想要得到一种更加正式的证明，则可以在德里（Heinrich Dörrie）的《100个著名的初等数学问题——历史和解》（*100 Great Problems of Elementary Mathematics*, Dover, 1965）一书自第378页开始往后的内容中找到[①]。

7. 图9.13显示了在一个7阶方格阵列中放置7枚筹码，从而使得各对筹码间距都不相同的唯一方式（不计旋转和翻转）。

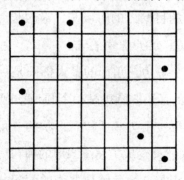

图9.13 排布点的题目的解答

---

① 此书中译本由上海科学技术出版社出版，罗保华译，1982年，关于斯坦纳椭圆的内容为书中第98题。——译者注

8. 当我们脑海里完成这首打油诗："谁的打油诗结束在第一行"，这个时候第四首打油诗的悖论就出现了。要完成这首打油诗，就是要对这首打油诗所肯定的内容作出否定。在这四首悖论打油诗激发下，英国谐趣诗人林顿即兴创作了下列几首新的打油诗：

温德姆的一位最拙劣的诗人
写了几首打油诗（没有人会为它们辩解）。
"我要动手了，"他说道，
"我的头脑里有一些想法。
然后又发现我就是做不到。"

A most inept poet of Wendham
Wrote limericks (none would defend 'em).
    "I get going," he said,
    "Have ideas in my head.
Then find I just simply can't."

事情没有变得更糟是一种幸运！
你首先阅读最后一行
因为他把一切都反过来写——
他的每件工作都颠三倒四。
一位非常古怪的诗人就是珀西！

That things were not worse was a mercy!
    You read bottom line first
Since he wrote all reversed—
He did every job arsy-versy.
A very odd poet was Percy!

发现要传授它们真是一桩工作。
在那时被问及：
"为什么是这样？难道它们不押韵吗？"
这时查塔姆的诗人说道："无法启动它们。"

Found it rather a job to impart 'em.
    When asked at the time,
    "Why is this? Don't they rhyme?"
Said the poet of Chartham, "Can't start 'em."

一位诗歌作家图普莱特是如此快速，
以致于他的五行打油诗结果变成了一副对联。

So quick a verse writer was Tuplett,
That his limerick turned out a couplet.

一位三线一点的作家是珀赛特，
因此当他执笔写下一首打油诗（天杀的！）时，
这件受到祝福①的事结果变成了三行押韵诗句！

A three-lines-a-center was Purcett,
So when *he* penned a limerick (curse it!)
The blessed thing came out a tercet!

已故的诗人摩尔心不在焉，
在推敲第四行时乱穿马路，
被一辆卡车压死了。

Absentminded, the late poet Moore,
Jaywalking, at work on line four,
    Was killed by a truck.
    So Clive scribbled only line five.

因此克莱夫只是草率地写下了第五行。

① 原文为blessed，这个词有"受保佑的""受祝福的""该死的"等几个意思。——译者注

187

第 10 章

数学归纳法和有颜色的帽子

他说道："是的，人不需要靠双
眼就能察觉这一点。"

——柏拉图，《理想国》[1]，第五卷

① 柏拉图（Plato），古希腊哲学家，他是苏格拉底（Socrates）的学生、亚里士多德（Aistoto-tle）的老师。《理想国》（*The Republic*）大约写成于公元前390年，主要探讨政治科学。——译者注

太阳会在2001年1月1日那天升起吗？我们毫无办法绝对确定这一点。世界总是有可能在那以前终结，可能是由于天意，也可能是由于某种自然灾难。也许一颗巨大的彗星（正如维利科夫斯基[1]的神话中那样）会导致地球停止旋转，并导致太阳停止在吉比恩[2]。我们至多可以说，很可能发生的情况是，在2001年1月1日，太阳会照常升起[3]。我们从过去日出的这一有限集合跳跃到一个无限的未来集合，或者至少是由大量元素构成的一个未来集合，这种跳跃就是一种经验归纳法。

数学家们有一种称为数学归纳法或者完全归纳法的类似技巧，这种技巧也支持从一个有限的案例集合跳跃到一个更大集合或者无穷多个案例的集

---

① 维利科夫斯基（Immanuel Velikovsky，1895—1979），俄裔美国作家。他在几部引起争议的书中宣称，大约在公元前1500年，木星的一部分脱离木星进入太空，成为近距离掠过地球的一颗彗星，引起地球表面剧变。——译者注

② 这句话出自《圣经·约书亚记》："日头啊，你要停在吉比恩（Gibeon）。月亮啊，你要止在亚雅仑谷（Aijalon）。"其中吉比恩是巴勒斯坦古都，位于耶路撒冷西北。——译者注

③ 人们喜欢说，某件事情就像太阳明天还会升起一样确定无疑。皮尔士写道［《论文集》（Collected Papers）第1卷第62页］："我因这个说法极为中庸而喜欢它，因为太阳明天还会升起，这件事离确定无疑相差十万八千里。"皮尔士说，他不会对任何一个科学事实"以超过大约一万亿比一的赔率下赌注。"——原注

皮尔士（Charles Peirce，1839—1914），美国哲学家，逻辑学家，自然科学家。实用主义的创始人。——译者注

合。与经验归纳法不同的是，这种数学技巧完全是演绎性的。它有时也被称为"跳跃式证明"，但是与数学中的任何其他证明一样能够达到同样的确定性。

为了用数学归纳法来证明某事，我们首先必须要有一系列命题（通常是一个无穷系列，但也不一定如此），这些命题可以与正整数序列构成一一对应关系。其次，我们必须确定这些命题都通过罗素[①]所谓的"遗传性质"相互关联。如果任何一条命题是正确的，那么其后继者——"下一条"命题——也是正确的。第三，我们必须证明第一条命题是正确的。于是由此得到具有铁一般确定性的结论：所有这些命题都是正确的。

跳跃式证明可比作一排竖放着的砖块或多米诺骨牌，当你推倒了其中的第一块以后，它们就全都倒了。斯坦豪斯将数学归纳法比拟为一堆信封，每个信封里都装着一张便签，上面写道："打开下一个信封，阅读命令并执行之。"假如你承诺要执行第一个信封里的命令，那么你就必须打开所有信封并执行所有命令。

趣味数学中有数以百计的经典题目都是通过数学归纳法来证明其一般情况的。直切 n 刀，你能把一块馅饼切成几块？在汉诺塔谜题[②]中，你最少移动几次才能把 n 个圆环移走？在本章中，我们讨论一类需要脑筋急转弯的逻辑谜题，就这些题目而言，归纳法对于一般情况的应用比较不是那么熟知，并且伴随着种种新奇的险境。

我们从有颜色的帽子这道古老的谜题开始。A、B、C 三人都闭上他们的双眼，这时有人给他们头上各自带上一顶黑色或红色的帽子。他们睁开双眼。每个人都看到另外两人头上的两顶帽子，但看不见自己头上的。如果有人看到一

---

① 罗素（Bertrand Russell，1872—1970），英国哲学家、数学家和逻辑学家。——译者注

② 汉诺塔谜题又称河内塔或梵塔，是一个数学游戏。有 A、B、C 三根杆。A 杆上套有 n（$n > 1$）个穿孔圆盘，盘的尺寸由下到上依次变小。每次只能移动一个圆盘，而且大盘不能叠在小盘上面，最终要所有圆盘移至 C 杆，其过程中可借助 B 杆。——译者注

顶红帽子,那么他就举手。一旦他知道自己头上的帽子的颜色,他就必须说出来。

假设三顶帽子全都是红色的。这三个人都举起他们的手。过了一段时间后,比另两位都聪明的C说:"我的帽子是红色的。"他是怎么知道的?

C是这样推理的:"假设我的帽子是黑色的。A如果看到我的黑帽子,他就会立即知道他自己的帽子是红色的。否则的话B怎么会举手呢?B会按照相同的方式进行推理,因此也会立即知道自己的帽子是红色的。然而,A和B都缄口不语。只有他们看到我头上的帽子也是红色的,才能解释他们的踟蹰。因此我的帽子是红色的。"

现在来考虑四个人的情况,他们全都戴着红色的帽子。如果第四个人D比其余几位都聪明,那么他就会推理:"假设我的帽子是黑色的。另外三位都已经举起了手,是因为他们看到了红帽子。这完全就是前面所述的那种情况。在经过适当的时间推移之后,他们三位中最聪明的C就会推断出自己的帽子是红色的并说出来。"于是D等着看C是否会说什么。由于C缄口不语,于是D就知道他自己的帽子是红色的。

显而易见,可以将这个过程一般化。假如有五个人。E会知道自己的帽子是红色的,因为如果是黑色的,那么情形就会简化为前一种情况,在经过适当的时间推移之后,D就会知道自己的帽子是红色的。D的沉默向E表明了所有帽子必定都是红色的,其中就包括他自己那顶。因此这一过程对于任何人数都是这么回事。数学归纳法迫使我们作出结论:如果n个人都戴着红帽子,那么其中最聪明的那一位就会最终推断出他自己那顶帽子是红色的。

这种推广通常会激起争论,因为题目中要求那么多关于聪明程度和时间推移变长的模糊假设,以至于这道题目都变得离谱了。可以推测,假如有100个人,在几个小时之后,最聪明的那位就会知道自己的帽子是红色的,再过一会儿第二聪明的那位也会知道,如此继续直至最愚蠢的两个人。

将同一道题目用一种比较精确的形式来给出,就可以避免这种模糊不清。我们来讨论有A、B、C三个人和五顶帽子这一情况,其中三顶帽子是红色的,还有两顶是黑色的。假设每个人都是真诚的,并在下面这种意义上来说是"理性的":无论情况多么复杂,他都能够很快做出任何有根据的推断。同之前一样,这些人闭上双眼,然后一位"仲裁者"给每个人都戴上一顶红帽子。另外两顶帽子被藏了起来。现在不是告诉这些人如果看到红帽子就举手,而是按顺序问他们:"你知道自己所戴帽子的颜色吗?"

A如实回答不知道。B也说不知道。C说:"知道,我的帽子是红色的。"他是怎么知道的?

这道题目令人惊奇的方面在于,C即使是瞎子也能回答知道!不仅如此,B也没有必要看见A的帽子。将这三个人想成是坐在一排椅子上,如图10.1所示。每个人都只看见他前方那些人头上的帽子。坐在第三张椅子上的C看不见任何帽子,因此从这种意义上来说他就是瞎子。

图10.1 有颜色的帽子问题

C 的推理过程如下："如果 A 看见两顶黑帽子，他就可以说知道。他说不知道，就证明了 B 和 C 的帽子不都是黑色的。假设我的帽子是黑色的。B 能看见它是黑色的。因此一旦 B 听到 A 说不知道，他就知道了他自己的帽子是红色的。（否则的话 B 和 C 的帽子就会都是黑色的，这样 A 就会说知道。）B 也说不知道，这一点也只有他看到我的帽子是红色的，才能解释。因此我就可以回答知道。"

这道题目与之前的那道题目一样，也很容易推广到 n 个人坐在一排椅子上、且有 n 顶红帽子和 $n-1$ 顶黑帽子的情况。假设让第四个人 D 坐在 C 前面。所有帽子都是红色的。D 的推理是，如果他的帽子是黑色的，他后面的三个人就会看到他的黑帽子，从而知道只给他们自己留下两顶黑帽子了。于是这道题目就简化成了之前那种已经解答了的情况。在 A 和 B 说了不知道以后，C 就会说知道。但是 C 也说不知道，这就对 D 证明了他自己的帽子必定是红色的。数学归纳法立即就延展到对 n 个人给出的解答。如果所有人戴的都是红帽子，那么他们都会说不知道，只有第 n 个人除外，他会知道自己的帽子是红色的。

现在可以来问一个比较难的问题了。再次想象有三个人坐在一排椅子上，并且假设仲裁者从那组五顶帽子搭配中给他们任意一种。按照递增的"盲目程度"（A、B、C）来询问这些人。他们之中是否总会有一人能回答知道？这种情形有是否能推广到 n 个人和一组 n 顶红帽子和 $n-1$ 顶黑帽子的情况呢？无论他们头上戴的是什么帽子，在问到第 n 个问题时或在那之前，是否总是会有肯定的答案呢？

在大多数这种类型的题目中，我们都会遇到一个奇异的悖论。考虑三个人的情况，所有帽子都是红色的，并且每个人都能够看到另外两顶帽子。A 和 B 回答不知道，C 回答知道。为什有必要去询问 A 呢？在询问 A 之前，B 和 C 都知道他必定会说不知道。B 知道这一点是因为他看见 C 戴着红帽子，而 C 知道这一点是因为他看见 B 戴着红帽子。如果 B 和 C 都知道 A 会如何回答，那么询问 A 并听他的回答又怎么可能增加任何有意义的新信息呢？另一方面，如果从讯问 B 开始，那么 C 就无法做出他的推断。你能对这个看似的悖论作出解释吗？

两种颜色的帽子就相当于标注了 0 和 1 的两项帽子，即二进制计数法中的两个整数。有数十道题目都与帽子问题密切相关，这些题目中涉及两种以上的颜色。不过如果我们不是使用颜色，而是使用十进制正整数的话，就会比较容易理解它们。下面要讲到的这种两人游戏是盖尔（David Gale）在 1976 年寄给我的，他是加州大学伯克利分校①的一位数学家。

仲裁者选择任意一对相继的正整数。写有其中一个数字的一张圆纸片粘在其中一个人的前额上，写有另一个数字的一张圆纸片则粘在另一个人的前额上。两个人都是真诚且理性的。他们各自都看到对方的数字，但看不到自己的。他们各自都知道（也知道对方知道）这两个数字是相继的。

仲裁者询问每个人，他是否知道自己的数字，并且这种来回讯问的过程一直持续下去，直到其中一人给出肯定回答为止。依靠归纳法的魔力，不难证明最终粘着较大数字 n 的那个人会首先给出肯定回答，而他是针对第 n 个或第 $n-1$ 个问题作出此回答的。我们邀请读者来分析这个游戏，并说明在哪些条件下持有大数的那个人会对第 n 个或对第 $n-1$ 个问题作出肯定回答。需要考虑的只有两个可变因素：首先去问的是持有大数的人还是持有小数的人，以及这个大数是奇数还是偶数。

那个帽子游戏的悖论在这里甚至以更加引人注目的形式出现。我根据盖尔的来信改述如下。假设这两个数字是 99 和 100，并假设首先询问持有 100 的那个人。他会对第 100 个问题给出肯定回答。然而，为什么要问最初的那两个问题呢？在提问开始之前，他们各自就已经知道，最初两个回答必定是否定的。

---

① 加州大学伯克利分校是位于美国加利福尼亚州旧金山市的一所公立研究型大学，也是加利福尼亚大学的第一所分校，创立于 1868 年。——译者注

那么询问最初的那两个问题又怎么能够提供有意义的信息呢?在询问了最初的那两个问题之后,这两位似乎也不会知道任何他们先前不知道的事情,因此他们就应该不会比之前更接近于能推断出他们的数字,于是这个游戏就永远不会结束。这是一个如同小和尚念经一般的仪式性否定回答,并且两个人都知道它必定会发生,那么它又如何能够减少能够作出肯定回答之前所需要询问的问题的个数呢?这个论证看来似乎无懈可击。

假设我们将这些整数局限在从 1 到 100 的自然数。将每对相继数字(1, 2;2, 3;…;99, 100)都写在一张卡片上。仲裁者随机取一张卡片,将上面的两个数字贴在两个理性的人前额上,并提议以下这个游戏:持有较小数字 k 的那个人必须付 k 美元给他的对手。仲裁者问 A 是否希望玩这个游戏,然后他再问 B。只有当双方都作出肯定回答时才进行结算。

我们现在来证明结算永远不会发生。如果 A 看到的是 100,那么他就知道自己持有的是 99,因此他就会说不玩。如果他看到的是 99,他就会如下推理:"我是 98 或 100。如果我是 100,那么 B(如果理性的话)就会说不玩,于是游戏也不会进行下去了。如果我是 98,那么我当然就不应该玩。因此我必须说不玩。"如果 A 看到的是 98,他就会如下推理:"我是 97 或 99。如果我是 99,那么 B 就会由于上面所给出的这些理由而说不玩,如果我是 97,我就会输。因此我必须说不玩。"如此继续直至见到 1。如果 A 看见 1,那么他就知道自己会赢,但是他也知道如果他说玩,B 就会说不玩。

假设这组牌有无穷多张,没有整数上限。我们现在来证明两个人都会给出肯定回答。A 的推理是:"我看见的是数字 k。我的数字要么是 $k - 1$,要么是 $k + 1$。如果我输了,我就会输掉 $k - 1$ 美元。如果我赢了,我就会赢到 k 美元。我会赢还是输的可能性相等,那么由于我能赢的钱比我输的钱要多,因此这场游戏就对我有利。我自然同意玩。"无疑,B 也是同样推理的。但是这种情形是荒谬的,因为这场游戏不可能对双方都有利。

如果按照利特尔伍德[1]的提示，这个悖论还可能被显著放大，他在他的《数学家杂集》(*Mathematician's Miscellany*)的第一章中给出了这个悖论的一种形式。假设每张卡片都复制了10^n张，其中n是这张卡片上的较小数字。于是有10张卡片上写着1,2；有100张卡片上写着2,3；有1000张卡片上写着3,4；以此类推。这场游戏的玩法如前。假如局中任何一方看见数字n，他就知道写有$n+1$的卡片数目是写有$n-1$的卡片数目的10倍。因此不仅赢了比输了要多一美元，而且局中双方各自赢的概率看来也似乎比输的概率要大10倍！利特尔伍德认为这种"怪异假设"只有物理学家薛定谔[2]才会做。

我不会在此解答这个悖论，因为我完全不确定该如何做。用一个支付矩阵还不足以证明这个游戏是公平的。它显然是公平的。要做的是去解释清楚A和B的推理过程错在哪里。

康韦对这个游戏作出了一种令人困惑的、深奥的推广。要推广到n个人和n个相继整数的情况是很容易的，但是康韦去掉了相继这个限制性条件。我们允许将任何非负整数（也包括0）放在n个人的前额上，这些人全都是真诚而理性的。在一块所有人都可见的黑板上，用粉笔写上m个不同的非负整数，只有其中之一等于所有贴在前额上的数字之和。每个人都看到所有的前额，除了他自己的。仲裁者依次询问每个人："你能推断出你自己头上那个数字吗？"这个讯问过程循环继续，直至有一位玩家给出肯定答案，于是游戏结束。

康韦证明了以下这条非凡的定理。如果写在黑板上的和m不大于n，那么游戏就必定终止。例如，假设每个人都有一个2，而黑板上的数是6、7、8。康韦

---

① 利特尔伍德(John Edensor Littlewood, 1885—1977)，英国数学家，主要研究领域为数学分析。——译者注

② 薛定谔(Erwin Schrödinger, 1887—1961)，奥地利物理学家，他提出的薛定谔方程为量子力学奠定了基础，并发展了分子生物学。——译者注

断言,此时游戏会在到达第14个问题时得到一个肯定回答而结束。

倘若要用公式来表达一种一般算法,用于计算(除了某些特定的数字集合),这样的游戏会在何时终止,那是极端困难的,因而远未得到解决。康韦写道:"即使在询问第一个问题之前,我们就陷入了一种'A知道B知道C知道B知道C知道……'的无限回归形式之中,因此要对每位玩家可用的信息作出一个度量是非常困难的。事实上,我曾一度觉得,这些考虑也许会使得这种游戏变得不怎么确定了,从而我们会陷入悖论的麻烦。现在我不这么想了。我确实知道,在评估什么信息可用时很容易犯错,而这是致命的。

康韦的游戏呈现了我们先前考虑过的相同悖论。在上文给出的那个例子中很容易证明,在游戏开始之前,每个人就都能够预料到前三个回答会是否定的,因此看来似乎询问这些问题的过程省掉也行,这是由于在第一轮之后,这些人并不会比以前得到更多的信息。然而,如果第一轮真的被去掉了,那么同样的论证又会适用于下一轮,于是这个游戏就永远不会结束了。

由于数学归纳法常常表现为"归结为前一种情况"的形式,因此我就用一个老笑话来结束这一章。对于无法决定主选物理还是数学的一名大学新生,我们设计了下面这个由两部分构成的测试。在第一部分中,将这名学生带入一个房间,房间里有一个洗涤槽、一个未被点燃炉眼的小火炉,地板上还有一把空壶。给他的题目是要烧开水。如果这名学生在洗涤槽中把壶灌满,点燃炉眼,然后把壶放在火焰上,那么他就通过了这部分测试。

对于第二部分,还是这名学生被带入同一个房间,不过现在这把壶里已经灌满水,并且已经放在未被点燃的炉眼上。题目仍然是要烧开水。有潜质的物理学家仅仅是把炉眼点燃。有潜质的数学家首先将壶倒空,并把它放在地板上。这就将这道题目归结为前一种情况了,而那是他之前已解决过的。

补 遗

对于利特尔伍德的那个关于由无限多张卡片构成的、每张卡片上都写有一对相继数字的集合的"怪异"悖论，我当时完全没有尝试去寻找其中的缺陷，但是有五十多位读者很快帮我解决了问题。这个悖论的出现是由于一个错误的假设：可以从正整数这一无穷大集合中随机选取数字，而选取的方式使得所有数字被选中的可能性均等。有许多方法来证明这样一种过程的荒谬性。选择一个任意数字 k。一个等于或小于 k 的正整数被"随机"选中的概率是 0，而大于 k 的数字被选中的概率是 1。换言之，要选择一个由有限个符号构成的数，它小到足以写在任意一个有限大小的面上，无论这个数有多么小，其概率是是 0。

韦克特尔（George Peter Wacktell）用以下方式来表明这一点。你不可能对一副印有所有正整数的牌洗牌，因为如果你能够这样做的话，以下这条矛盾的定理就会成立：从这样一副洗过的牌中任意取出两张，其中任一张上所印数字比另一张上所印数字大的概率都是无穷大。简单说，我们讨论中的这种游戏是不可能玩的。布拉姆斯（Steven J. Brams）、哈尔彭（Elkan Halpern）和路易斯（Thomas Louis）、拉扎勒斯（Roger B. Lazarus）、莫斯特勒（Frederick Mosteller）以及罗宾斯（Herbert Robbins）等人寄来了对此题特别详细或者有趣的分析。

假设这副牌是有限的，于是仲裁者就确实可以将它们随机化，并挑选出一对相继数字，小到足以能把它们写下来。这对数字的上限未知。至少一位玩家总是会拒玩。威斯康星大学①的数学家艾萨克斯（I. Martin Isaacs）对我先前关于这个游戏的那些评论作了如下进一步阐述和修正：

---

① 威斯康星大学是位于美国威斯康辛州首府麦迪逊市的一所研究型公立大学，成立于 1848 年。——译者注

　　"如果将这些卡片编号为(1,2), (2,3), (3,4), …(可能有些卡片缺失,另一些则有重复,甚至还允许有无限多张卡片,以一种不均匀概率分布的方式进行随机选择),那么任何一位玩家如果看见他的对手头上是一个偶数,他就应该拒玩。如果他看见的是一个奇数,即使(出人意外地)如果他所看见的这个奇数已知是这副卡片中的最大值,他也不需要行使否决权。这与你的分析相矛盾。你的分析要求一个人如果看见一个比较大的数,即使这个数是奇数,也要行使否决权。如果他对于另一位玩家的理性有信心,后者在看见一个偶数的情况下就不会允许结算发生,那么他就可以同意玩。

　　"为了证明我的论断,请注意,看见1的那一方只可能赢,因此就不需要行使否决权。于是理性的玩法就是,看到所有大于1的数字都行使否决权,看到1的时候才玩(当然,这并不是唯一的理性玩法)。每位玩家在理性的情况下都需要保护自己,对抗其对手所有可能的理性策略。因此如果一位玩家看见的是2,他就必须行使否决权,以对抗其对手可能采用的那招'看见1就玩,其余什么都不玩'的理性玩法。现在由此得到的结论就是,'看见3就玩,其余什么都不玩'是理性的,因为倘若一位玩家看见的是3,他就知道如果自己持有的是2就是安全的,而这是因为他的对手看见2时必定会行使否决权。作为对抗'只有看见3才玩'策略的一种防护措施,一位理性的玩家就必须在看到4时行使否决权,而这就使得'只有看见5才玩'成为一种理性方案。按照这种方式继续下去,我的论断就通过归纳法而得到了证明。

　　"这里存在某种非常奇异的情况:如果在整副卡片中没有(1,2),那么上述分析仍然不变。不过,如果仲裁者声明(1,2)缺失,那么这个游戏就等价于先前那种情形,只是现在你必须在看见奇数时行使否决权。另一方面,如果每位玩家都偷偷地浏览过整副卡片,并发现(1,2)缺失,但并不知道其对手也拥有这一信息,那么理性的玩法仍然要求在看见偶数(2除外)时行使否决权。这又是一个关于是否'A知道B知道……'的问题了。自始至终，我一直在假设两位玩家都是秘密行使否决权的。"

趣味数学的文献中满是与利特尔伍德的那个悖论相关的悖论游戏。这里有一个最简单的。每位玩家都写下一个正整数，写下较大数字的人赢得一美元。他们各自都会如下推理："无论我的对手写下的是什么数字，都只会存在有限多个比它小的整数。由于存在着无限多个比它大的整数，因此我肯定会赢。"这里的谬误同样也是由于假定有可能从整数这一无限集合中随机选择一个数字而造成的。在有限时间内、在有限张纸上，可以写下的一个数字的大小存在着明显的限制。如果真的玩这个游戏，那么它就永远不会结束，每位玩家都将在越来越多张纸上不停地飞快写下一位又一位数字。

不过，假设我们对这个数字集合设置一个上限。例如，每位玩家都有一个旋转指针，可以从1到100之间选择一个数字。两位玩家都旋转这个指针，但是转到较大数字的那个人必须付给另一位参与者对应数量的美元。他们各自都会这样推理："我的输赢可能性相同，但是既然我赢时所得到的要比我输时会失去的多，因此这场游戏就对我有利。"当然，他们各自也可以这样推理："如果我输了，那么我输时所失去的要比赢时会得到的多，因此这场游戏就对我不利。"这场游戏显然是公平的，但是又不容易确切说明上述两条推理思路各有什么问题。

我最初是在克莱特契克（Maurice Kraitchik）的《趣味数学》（*Mathematical Recreations*, Dover, 1953, 第133—134页）中碰到这个悖论的，它在书中出现的形式是两个陌生人同意找人对他们的领带进行估价。戴着较贵领带的那个人必须把领带给另一人。在我的《啊哈！原来如此》[①]（*Aha! Gotcha*, W. H. Freeman and Company, 1982, 第106页）一书中，我给它加的情节是两个人相互攀比他

[①] 此书中译本由科学出版社翻译出版，译者李建臣、刘正新。——译者注

们钱包里的钱数。对于这个悖论的充分分析，请参见麦克吉尔夫雷（Laurence McGilvery）1987年的文章。

有一种更为深奥微妙的版本最近一直在四处流传，不过我还没见过它出版。它的内容是这样的。有两位玩家和两个盒子。一个盒子里装着不知数额的美元。另一只盒子里装着该数额的两倍。将一个盒子递给一位玩家，并告诉他可以保留这个盒子，也可以用它来交换另一个盒子。他于是这样推理："我持有的这个盒子里装有x美元。如果我用它来交换另一个盒子，我就会（以相等的概率）得到$2x$或$x/2$美元。交换以后的预期价值是$(2x + x/2)$的一半，或者说就是$1.25x$。如果我不交换，那么预期价值就是x。因此交换是对我有利的。"这个结论是荒谬的，但是其推理过程错在哪里呢？

《安诺的帽子戏法》（*Anno's Hat Tricks*）是给非常聪明的孩子们看的一本有兴味的书籍，这本书依据的完全是关于有颜色的帽子的那些数学归纳法谜题。随着你一页一页翻下去，这些题目变得越来越难，最后一道谜题就是本书先前给出的、关于三名参与者和五顶帽子的那题。

许多读者指出，关于帽子的那个归纳式推理，和一个被称为"不忠的妻子们"的悖论中的推理很相似。那个悖论似乎最先是由伽莫夫[①]和斯特恩（Marvin Stern）在他们的小册子《谜题数学》（*Puzzle-Math*, Viking, 1958, 第20—23页）中给出的。我在这里不能深入探讨了，不过读者们会在我的《来自其他世界的谜题》（*Puzzles From Other Worlds*, Vintage, 1984, 第37题）中找到此题的一个变体，并在多列夫（Danny Dolev）、哈尔佩恩（Joseph Halpern）和摩西（Yoram Moses）的"偷情的丈夫们和其他一些故事"中找到完整讨论，此文刊登在IBM公司1985年的一份研究报告中，并转载于《美国计算机协会第四届分布式计

---

① 伽莫夫（George Gamow, 1904—1968），美籍俄裔物理学家、宇宙学家、科普作家，热大爆炸宇宙学模型的创立者，也是最早提出遗传密码模型的人。——译者注

算原理会议纪要》(*Proceedings of the Fourth ACM Conference on Principles of Distributed Computing*, 1985)中。

答　案

我们的题目考虑的是由三个人、三顶红帽子和两顶黑帽子构成的游戏。这些人都坐在椅子上,从而 *A* 看见 *B* 和 *C*,*B* 只看见 *C*,而 *C* 谁也看不见。一位仲裁者将任意三顶帽子(从上面的五顶帽子中取出)戴在他们头上。询问每个人(按照 *A*、*B*、*C* 的顺序)是否知道自己的帽子的颜色。是否总是有一个人会回答知道?

答案是肯定的。对所有颜色组合作一番分析就会表明,如果这些帽子按照 *ABC* 排序是 *RRR*、*RBR*、*BRR* 或 *BBR*①,那么 *C* 就会说知道。如果顺序是 *RRB* 或 *BRB*,那么 *B* 和 *C* 就会说知道。如果是 *RBB*,那么三个人就都会说知道。这番分析能推广应用到 *n* 个人、*n* 顶红帽子和 $n-1$ 顶黑帽子的情况。考虑 $n = 4$ 的情况。"完全盲目"的人 *D* 的推理是:"如果我的帽子是黑色的,那么另外三位就会看到它,从而知道只剩下两顶黑帽子给他们了。于是这种情况就会与前一种情况相同,而那种情况已经解决了。如果没有人说知道,那么只可能是因为我的帽子是红色的,于是我就会说知道。"对于任意 *n* 都如此继续下去。第一个说知道的人总是第一个被问及的、戴红帽而看不到红帽的那个人。

东北大学②的一位数学专业学生埃尔布兰(John Erbland)想到了

① 这里的 *R* 表示红色(Red),*B* 表示黑色(Black)。——译者注
② 东北大学是位于美国东北部马萨诸塞州波士顿市的一所私立研究型大学,成立于1898年。——译者注

一种有趣的变化形式：假设有 n 个人、$n-1$ 顶黑帽子，只有一顶红帽子。条件都同前。戴红帽子的那个人总是会说知道吗？如果不是的话，那么他在哪些位置上才会知道自己的帽子的颜色？

解答很奇特。如果 A 戴着红帽子，那么他当然会说知道，因为他看见 $n-1$ 顶黑帽子。如果 B 戴着红帽子，那么他就会说不知道。为什么？因为 A 必定总是回答知道，因此他说知道，那就不能提供任何信息。如果 C 戴着红帽子，他就会说知道，因为他听见 A 和 B 都说知道。如果 D 戴着红帽子，他必定会说不知道，因为 C 说的知道可能是他（C）推论自己戴着红帽子的结果。这个过程通过数学归纳法推广到结论：当且仅当戴红帽子的人坐在从后面数起的一个奇数位置上时，他才会说知道。如果他是坐在一个偶数位置上，那么坐在他正后方的那个人说的知道就不足以给他提供作出一个有效的推断的足够信息。

对两个人前额上贴有相继数字的那个游戏，分析如下。令 H 表示贴有较大数的那个人，L 表示贴有较小数的那个人，而 Qn 则表示问题的编号[①]。

假设这两个数字是 1 和 2。如果先问 H，那么他会对 $Q1$ 给出肯定回答。如果先问 L，那么他会说不知道。然后 H 由于看见的是 1，因而就会对 $Q2$ 给出肯定回答。

假设这两个数字是 2 和 3。如果先问 H，那么他会说不知道。L 也会说不知道。他的回答证明，他看见 H 头上的不是 1，因此 H 就知道了

---

① 这里的 H 表示高（High），L 表示低（Low），Q 表示问题（Question）。——译者注

自己是3，从而对Q3给出肯定回答。如果先问L，那么他会说不知道。如先前一样，这个回答就告诉H，他的数字是3，因而他就会对Q2给出肯定回答。

假设这两个数字是3和4。如果先问H，那么他会说不知道。L也会说不知道。现在H可以这样推理："如果我是2，那么这个游戏就简化成了先前2和3、先问L的那种情况。因此L会对Q2给出肯定回答。既然L说了不知道，这就证明我是4。"因此H对Q3给出肯定回答。如果先问L，那么他会说不知道。他对Q2给出否定回答，这样跟前面一样，就把情形简化到了前一种情况。L对Q3回答的不知道就告诉了H他是4，因而他就会对Q4给出肯定回答。

以这种方式继续下去，情形总是简化为前一种已经解决的情况。令n为较大的那个数字。H总是获胜。倘若先问他，那么如果n是偶数，他就在$Q(n-1)$时获胜，如果n是奇数，他就在Qn时获胜。倘若后问他，那么如果n是偶数，他就在Qn时获胜，如果n是奇数，他就在$Q(n-1)$时获胜。请注意这样一个奇特的事实：如果规则是，只有当一位玩家知道自己持有的是较小数字时，他才给出肯定回答，那么这个游戏就永远不会结束！

现在来讨论那个看似的悖论。在三个人都戴着红帽子的情况下，B和C确实都事先知道A会给出否定回答。然而——这就是很容易被忽视而又至关重要的一点——在问第一个问题之前，C并不知道B知道A会给出否定回答。在询问过程开始之前，C所知道的只是他自己的帽子可能是黑色的。如果事实确实如此，那么B就不可能知道A会说知道还是不知道。直至A说不知道，C才确定知道，在A被提问后，B

就已经知道 A 必定会给出否定的回答。因此，第一个问题确实增加了新的、对 C 的推理至关重要的信息，尽管 C 事先就知道 A 会作何回答。

一旦理解了这种联系，就不难看出如何针对盖尔和康韦的游戏来解答这个悖论了。假设你是盖尔的游戏中的一位玩家。在一场任意长度的游戏中，每一个新的"不知道"都以"我现在知道你知道我知道……你不知道我的数字"这种一般的形式为你提供了必要的新信息。在康韦的游戏中也是同样。每一个"否定回答"都为每位玩家提供了关于其他人知道什么的类似信息。

附 记

现在市场上有彭罗斯铺陈片出售。销售地址是 Kadon Enterprises, 1227 Lorene Drive, Pasadena, Maryland, 21122。你可以从那里买到一组飞镖和风筝、一组胖瘦相间的菱形以及一组两种类型的鸟,这组基于彭罗斯铺陈的鸟被称为"令人费解的禽类"。这组鸟在英国也可以买到,销售地址是:Pentaplex, Ltd., Royal House, Brighouse, West Yorkshire, HD6 ILQ。

彭罗斯在他 1994 出版的《思维的阴影》(*Shadows of the Mind*)一书中的第32 页报道了他的发现,这是以安曼发现的铺陈片为基础的,而后者是只能以非周期性方式铺陈平面的三个多联正方形。图 A1 中显示了这些铺陈片。彭罗斯还展示了他发现的一种不对称的多联正方形,这种多联正方形可以周期性铺陈,不过只有在用到它的所有八个朝向时才能做到这一点。

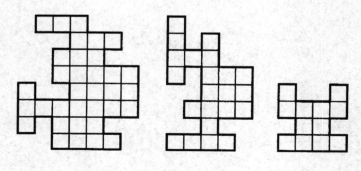

图 A1

208

　　1989 年，牛津大学出版社出版了彭罗斯的《皇帝新脑》(*Emperor's New Mind*)①，并且此书跃居畅销书榜，于是他在非数学家和非物理学家中出了名。对于那些人工智能的热心支持者而言，这本书的出版给了他们一次粉碎性的打击，因为他们原以为计算机很快就会跨过复杂性的一条槛，从而变得有自我意识，其思维能够达到人类能做到的一切。我有幸为那本书撰写了前言。

　　彭罗斯继此书之后，又在 1994 年接着出版了《思维的阴影》，也是由牛津大学出版社出版的。其中更加纵深地为他的观点辩护。彭罗斯并不否认思维是大脑的一项功能，但他也认为我们的大脑是以一些我们尚未理解的方式来运作的。据他看来，只要计算机仅靠一些告诉转换开关如何转换各处电流的算法来运行，那么就永远都不会有任何计算机对它自己正在做的事情产生意识。简而言之，这类我们知道如何建造的计算机，它们与机械式计算机器原则上的区别只是在于摆弄符号的速度不同而已。彭罗斯深信，直至我们更多地了解量子力学，以及或许是比量子力学更深层次的那些现象，如何为我们玄妙的大脑所用，才会有能与人类智能相匹敌的计算机。他的这两本书都受到了人工智能领导者们的严厉抨击，不过这件事说来话长，要从数学上来进一步讨论显得遥不可及。

　　在第三章中，我给人以一种误导性印象：其中所演示的连分数是康韦的发现。夏利特(Jeffrey Shallit)为我提供的信息是，这一连分数至少早在 1926 年就为人们所知，当时博纳(P. E. Böhrner)在一篇德语论文中讨论过它。请参见戴维森(J. L. Davison)发表在《美国数学学会会议纪要》(*Proceedings of the American Mathematical Society*)1977 年第 65 卷第 194—198 页的《一个级数及其相关连分数》。

　　芒德布罗由于他在分形方面的工作而名气越来越大，随之而来的是许多

————————
　　① 此书中译本由湖南科学技术出版社翻译出版，译者许明贤、吴忠超。——译者注

新的荣誉。自从我写了分形的内容以来,与分形密切相关的混沌理论这个新领域已在数学舞台上迅猛发展起来。

克鲁斯卡尔(Martin Kruskal)目前是罗格斯大学[①]的一位数学家,他对康韦的超越数着了迷。多年以来,他一直在研究怎样清晰地说明它们并对它们作详尽的阐述,以及它们在其他数学领域中的可能应用。

肖兹(Will Shortz)目前是《纽约时报》的纵横字谜游戏编辑,他正在策划一本关于劳埃德及其谜题历史的书。书中会包括数百道劳埃德的谜题,这些谜题都没有包括在那本著名的《大全》中。肖兹寄给我一张为旁氏浸膏做广告的商业名片,这是一种专利止痛药。名片上印有劳埃德的空当接龙谜题,其中改动了两个数字。劳埃德正确地宣布了一种在9步内完成的解答。那个"棘手的2"仍然留在名片上。如果最佳的意思就是最短的话,那么劳埃德的解答确实是"最佳的",不过他在《大全》中把它称为唯一解答,这却是错误的。

休斯顿的费比安(David Fabian)攻克了那道中国跳棋的题目,即在每边有10到15颗弹珠的棋盘上搜寻可能的最短跳法。采用图A2中的记号法,他发现了以下这些解答:

盖伊和凯利揣测,对于2阶、4阶和10阶的情况,图5.4中所示的这些无三点一线模式是具有正方形对称性的仅有模式。这一点在直至 $n = 60$ 的情况下都得到了验证。弗莱蒙坎普(Achim Flammenkamp)在1992年的一篇论文中,给出了38阶、40阶、42阶和44阶的解答,以及其他许多阶的新解答。

汉密尔顿(G. M. Hamilton)、罗伯茨(I. T. Roberts)和罗杰斯(D. G. Rogers)在他们的论文《迭代距离集合的规则完全系统》中,深入地考虑了广义的台球问题。他的论文是澳大利亚科廷科技大学1993年的一份研究报告。同样这三

① 罗格斯大学是美国新泽西州最大的大学,有多个校区,1766年成立时称为皇后学院,后新泽西州议会于1945年和1956年通过法案将罗格斯大学指定为州立大学。——译者注

十五颗弹珠

1. C7–C6	F1–F3	10. E8–E2	E1–C7
2. A5–C5	F2–F4	11. B9–D3	H1–B9
3. C5–D5	I4–E4	12. B7–H3	F3–B7
4. C9–G5	G3–A5	13. C8–C4	D1–D9
5. E9–E8	I3–C9	14. A6–A4	G2–A6
6. A7–E7	I1–E9	15. A8–G2	I2–A8
7. A9–I3	G1–A9	16. D8–D7	F4–D8
8. D9–F7	H3–D1	17. B6–F4	E4–C8
9. F7–F6	I5–A7	18. B8–F8	H2–B8
		19. I3–I2	H4–B6

十颗弹珠

1. C8–D8	H2–H4
2. D9–D7	I4–G4
3. A7–E7	G1–G5
4. A8–E6	H3–F3
5. E6–F6	H1–E3
6. D7–C6	G4–A8
7. A6–E4	I2–A6
8. A9–C5	F1–D9
9. C5–D5	C3–A9
10. B8–H2	I3–A7
11. C9–G3	H4–B8
12. B7–B6	G2–C8
13. B9–F5	G5–C9
14. F5–F4	F3–B9
15. E4–D4	H1–B7

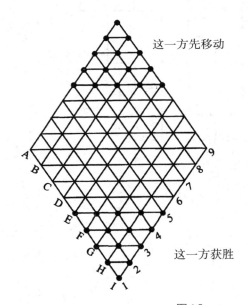

这一方先移动

这一方获胜

图 A2

位作者的一篇后续论文《大小为4的迭代差集合的一致完全系统》刊登在《离散数学》(1996年第162卷,第133—150—259页)上,拉姆齐和罗杰斯的《迭代距离集合的不规则完全系统问题》则刊于《图论和组合数学》(*Graphs and Combinatorics*,1977年第13卷)上。

在讨论斯科特·金的四元组时我说过,我们还不知道是否存在着一个用低于12阶的多联正方形给出的解答。德国的特朗普(Walter Trump)用图A3中所示的11阶多联正方形给出了肯定的回答。特朗普还寄来了全等六边形四元组(图A4),这个四元组所具有的特性是其中任意一对六边形都能构成一个正方形。

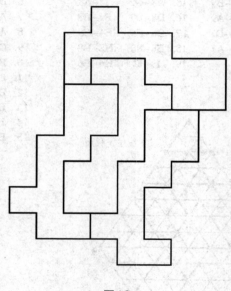

图 A3

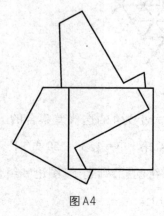

图 A4

图 A5 中显示了特朗普用多边形构成的具有两个洞的四元组,这个多边形在两个方向上具有双侧对称性,并且整个四元组的边界具有等边三角形的对称性。图 A6 显示的是他的没有洞的四元组,是由具有双侧对称性的多边形构成的。谢勒(Karl Scherer)也独立寄来了这种模式,他也是德国人。

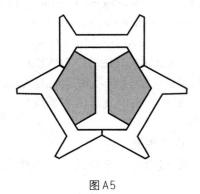

图 A5

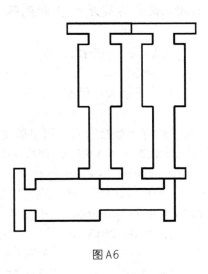

图 A6

责任编辑 李 凌
装帧设计 李梦雪 杨 静

·加德纳趣味数学经典汇编·
分形、取子游戏及彭罗斯铺陈

［美］马丁·加德纳 著

涂 泓 译

冯承天 译校

上海科技教育出版社有限公司出版发行
（上海市闵行区号景路159弄A座8楼 邮政编码201101）
www.sste.com www.ewen.co
各地新华书店经销 天津旭丰源印刷有限公司印刷
ISBN 978-7-5428-6604-2/O·956
图字09-2013-850号

开本720×1000 1/16 印张14.25
2017年6月第1版 2023年8月第2次印刷
定价:42.80元